U0150230

农村小水电降损增效技术

蔡　新　徐锦才　郭兴文　徐　伟　楼宏平　著

科学出版社

北　京

内 容 简 介

　　本书介绍了农村小水电概况、存在问题及降损增效发展趋势，详细分析了农村小水电能量损失特征，提出了降低水头损失的技术措施，研究了农村水电工程水工建筑物破损修复，机组与水工建筑物增效、主要电气设备及配电网降损等技术。

　　本书可作为高等学校水电类专业的本科生与研究生参考书，也可供水电领域从事设计、施工、建设及运行管理的工程技术人员参考。

图书在版编目(CIP)数据

农村小水电降损增效技术/蔡新等著.—北京：科学出版社，2023.1
ISBN 978-7-03-074309-1

Ⅰ.①农… Ⅱ.①蔡… Ⅲ.①农村-水力发电站-降损措施
Ⅳ.①TV742

中国版本图书馆 CIP 数据核字(2022)第 240638 号

责任编辑：赵敬伟　郭学雯／责任校对：杨聪敏
责任印制：吴兆东／封面设计：无极书装

科学出版社 出版
北京东黄城根北街 16 号
邮政编码：100717
http://www.sciencep.com
北京中石油彩色印刷有限责任公司 印刷
科学出版社发行　各地新华书店经销
*
2023 年 1 月第 一 版　开本：720×1000　1/16
2023 年 1 月第一次印刷　印张：11
字数：222 000
定价：88.00 元
(如有印装质量问题，我社负责调换)

前　言

　　农村水电是指装机容量 5 万 kW(国内标准) 及以下的农村地区水电站。我国是小水电资源丰富的国家，低于 5 万 kW 的小水电可开发资源约为 1.28 亿 kW。截至 2020 年底，全国共有农村水电站 43957 座，总装机容量达到 8133.8 万 kW，全国农村水电发电量达 2423.7 亿 kW·h，占全口径水电发电量的 17.9%，占全国总发电量的 3.2%。"十三五"期间，我国小水电站的建设更加关注绿色发展需求，以增效扩容改造与生态恢复为主，部分电站淘汰退出运行，小水电站数量有减少趋势。历史上农村小水电站为解决广大农村地区，特别是无电、缺电人口的用电问题，助力乡村经济发展发挥了重要作用。

　　作为可再生能源之一，我国农村小水电具有规模适宜、投资省、工期短、见效快、可就地开发、可就近供电等优势。经过多年发展，以小水电为主体的农村水电在建设农村电气化与小水电代燃料工程、农村小水电扶贫工程、解决山区农村供电、促进区域经济发展、改善农民生活条件与生态环境、调整当地产业结构及保障应急供电等方面发挥了重要作用。农村水电的开发利用为我国经济建设的可持续发展提供了重要支撑。开发率较高的省份主要集中在我国东部、东南沿海和中部地区。2020 年，小水电发电量相当于 2.15 个三峡水电站的年发电量，相当于每年节约 7400 万吨标准煤，减少二氧化碳排放 1.85 亿吨。

　　尽管我国农村小水电事业取得了巨大成就，并将继续获得新的发展，但随着我国农村小水电开发建设时间的推移，也产生了制约农村水电可持续发展的诸多问题，主要体现在以下几个方面：① 老旧电站数量众多。我国 1995 年底前建成且尚在运行的农村小水电约有 2.2 万座，装机容量 1800 万 kW，电站运行超过20 年，各种问题不断涌现。② 老电站技术落后、设备老化。许多小电站建设时小型水轮发电机组综合效率为 75% 左右，加上多年运行，效率逐年下降，目前机组综合效率多在 65% 以下。③ 水能资源利用效率低。小水电建设时设计水平低、水文系列短、机电设备型号不全等原因，导致水轮机组选型不当，长期偏离最优工况运行，损耗严重且能效低下。④ 安全隐患多。老旧电站存在泄洪设施破损、挡水和引水设施失修、压力管道老化锈蚀等问题。⑤ 供电保证率低。农村小水电配套电网地处偏远，普遍存在设施陈旧、线损率高的情况，造成供电保证率低。⑥ 河流生态环境受到影响。在财政部大力支持下，"十二五""十三五"期间中央财政安排 131 亿元，分两批对 1995 年及 2000 年之前投产的 6500 多座小水电站实施增效扩容改造。特别是"十三五"期间以河流为单元实施改造，同时修复了 3000 多公里减脱水河道，使 1300 多条河流得到初步治理。通过增效扩容改造，小水电巩固和提升了发电能力，节能减排成效显著；消除了各类安全隐患，电站管理水平大幅提升；同步开展生态修复，河流生态环境明显改善。2018 年以来，水利部会同有关部门组织指导长江经济带省市完成 2.5 万多座小水电站清理整改，4000 座退出类电站中已有 3500 多座电站完成退出，其余电站于 2022 年底前退出，2.1 万座电站整改完成并落实生态流量，取得积极成效，社会反响良好。

与大水电相比，农村水电具有单站规模小、分散分布、就地成网供电的特点，迫切需要研究其高效开发的新材料、新技术和新设备，为建设节能高效型的农村水电站提供技术保障。

本书共 6 章。主要介绍我国农村小水电发展状况及存在问题、农村小水电沿程水能损失及降损技术、农村小水电水工建筑物破损修复技术、农村小水电机组与水工建筑物增效技术以及农村小水电输出工程主要电气设备及配电网降损技术。

本书由蔡新、徐锦才、郭兴文、徐伟、楼宏平合著，蔡新负责统稿定稿。舒静、江泉、陈姣姣、杨建贵等参加了相关研究及部分内容撰写工作。参加研究工作的还有许海龙、钟志峰、徐志丹、朱凤霞、李岩、简明等，在此一并表示感谢。

本书研究工作受到"十二五"国家科技支撑计划课题"农村小水电节能增效关键技术（2012BAD10B00)"之课题"农村小水电新型水工结构和降损技术研究（2012BAD10B02)"、"农村小水电高效发电技术与设备研制（2012BAD10B01)"与"十三五"国家重点研发计划项目"新型胶结颗粒料坝建设关键技术(2018YFC-0406800)"之课题"胶结颗粒料坝结构破坏模式与新型结构优化理论(2018YFC-0406804)"的资助，特此致谢。

本书承蒙中国工程院院士、河海大学博士生导师吴中如教授仔细审阅并提出了宝贵的修改意见，作者表示诚挚的谢意。

限于作者水平，书中难免存在不妥之处，恳请读者批评指正。

蔡　新

2021 年 12 月

目　　录

第 1 章 绪 论

农村水电的开发利用为我国经济建设的可持续发展和低碳绿色生态文明建设提供了重要支撑。我国小水电总体开发率尚在小水电可开发资源的 58.6% 的水平，仍有巨大的后续开发潜力。

本章重点介绍农村小水电概况、特点、主要存在问题，小水电能效现状、降损增效的需求及发展趋势。

1.1 农村水电概况

19 世纪，随着水轮机和发电机的相继发明，人类开始利用水力发电。1878 年，世界上第一个水力发电项目点亮了英格兰诺森伯兰乡村小屋的灯；从诞生时的简易装置到大型水电站，从就近供电到远距离输送，时至今日，水电以其跨越式发展，在世界能源舞台上占有着一席之地。根据国际能源署 2021 年发布的《水电市场特别报告》，在过去的 20 年里全球水电总容量增长了 70%，水电已成为全球低碳电力的最大来源，其发电量超过其他可再生能源发电的总和。

农村水电是指装机容量 5 万 kW (国内标准) 及以下的农村地区水电站。作为可再生能源之一，我国农村小水电具有规模适宜、投资省、工期短、见效快、可就地开发、可就近供电等优势。经过多年发展，以小水电为主体的农村水电在建设农村电气化与小水电代燃料工程、农村小水电扶贫工程、解决山区农村供电、促进区域经济发展、改善农民生活条件与生态环境、调整当地产业结构及保障应急供电等方面发挥了重要作用。

《世界小水电发展报告》(WSHPDR 2019) 显示，全球小水电 (低于 10 MW) 的总装机容量为 78GW，小水电 (小于 10MW) 装机容量约占世界电力总装机容量的 1.5%，占可再生能源总装机容量的 4.5%，占水电总装机容量的 7.5%。世界上仍有约 66% 的小水电资源未被开发。

我国是小水电资源丰富的国家，低于 5 万 kW 的小水电可开发资源约为 1.28亿 kW，遍及 30 个省、自治区、直辖市的 1715 个县。

在风电发展面临电网瓶颈制约、太阳能光电转换效率不高以及日本福岛核危机后世界各国普遍对发展核电持审慎态度的大背景下，水电具有技术成熟、调度灵活、安全可靠等优势，优先发展水电得到广泛认可。"十一五""十二五"期间，我国中小水电更是得到快速发展，中小河流水能资源得到了有效的开发和利用。截至 2016 年末,我国建成的装机容量 5 万 kW 以下的电站数量达到最高峰 47529 座,全国农村水电装机容量超过 0.75 亿 kW。"十三五"期间,我国小水电站的建设更加关注绿色发展需求,以增效扩容改造与生态恢复为主,部分电站淘汰退出运行,小水电站数量有减少趋势。表 1-1 给出了 2011~2019 年我国农村水电站统计情况。

表 1-1 2011~2019 年全国农村水电站数量增减情况 (单位:座)

	2011	2012	2013	2014	2015	2016	2017	2018	2019
电站数量	45151	45799	46849	47073	47340	47529	47498	46515	45445
当年增减合计	336	648	1050	224	267	189	−31	−983	−1070
其中当年新投产	710	600	389	313	360	312	161	194	90

历史上农村小水电站为解决广大农村地区,特别是偏远地区无电、缺电人口的用电问题,助力乡村经济发展发挥了重要作用。

截至 2020 年底,全国共有农村水电站 43957 座,农村水电总装机容量达到 8133.8 万 kW,占全国农村水能资源技术可开发量的 63.5%。全国农村水电发电量达 2423.7 亿 kW·h,占农村水能资源技术可开发量的 45.3%。开发率较高的省份主要集中在我国东部、东南沿海和中部地区。2020 年,小水电发电量相当于 2.15 个三峡水电站的年发电量,相当于每年节约 7400 万吨标准煤,减少二氧化碳排放 1.85 亿吨。

1.2 农村小水电存在的主要问题

尽管我国农村小水电事业取得了巨大成就,并将继续获得新的发展。但是,随着我国农村小水电开发建设时间的推移,也产生了制约农村水电可持续发展的诸多问题,主要体现在以下几个方面:

(1) 老旧电站数量众多。我国 1995 年底前建成且尚在运行的农村小水电约有 2.2 万座,装机容量 1800 万 kW,电站运行超过 20 年,各种问题不断涌现。

(2) 老电站技术落后、设备老化。许多小电站建设时小型水轮发电机组综合效率为 75% 左右,加上多年运行,效率逐年下降,目前机组综合效率多在 65% 以下;经测算,通过增效改造和节能降耗,平均增效潜力可以达到 20%。

(3) 水能资源利用效率低。小水电建设时设计水平低、水文系列短、机电设备型号不全等原因,导致水轮机组选型不当,长期偏离最优工况运行,损耗严重且能效低下;汛期弃水过多,并缺乏流域梯级联合调度,总体发电潜力未得到充分发挥。

(4) 安全隐患多。老旧电站存在泄洪设施破损、挡水和引水设施失修、压力管道老化锈蚀等问题,在当前全球气候变暖、极端气候现象增多、集中暴雨频繁的情况下,极易引发公共安全事故。

(5) 供电保证率低。农村水电配套电网地处偏远，随着农村小水电的快速发展，形成了以农村水电供电为主的农村小水电直供电片区电网，目前，尽管小水电直供片区都纳入国家电网统一管理，但很多地方没有进行农村电网改造，普遍存在设施陈旧、线损率高的情况，造成供电保证率低。

(6) 河流生态环境受到影响。近年来，引水式电站枯水期运行导致部分河段减水脱流问题有上升趋势，对河流生态环境造成了不良影响，有限、有序、有偿开发利用水能资源，推进绿色水电建设，发挥小水电保护生态环境的作用已经成为水利部门加快转变农村小水电发展的理念。

农村水电跟大水电有一定区别，具有单站规模小、分散分布、就地成网供电的特点，需要研究农村水电高效开发的新材料、新技术和新设备，为节能高效型的农村水电站提供技术保障。因此，不管是量大面广的农村老电站，还是新建水电站，都急需研究农村水电高效发电技术。

1.3　农村小水电能效现状的调查分析

为了深入地摸清我国农村水电能效现状与影响农村水电能效的因子，提出改善能效的措施，开展我国农村水电能效现状的调研。调研采取大数据统计分析与部分电站实地现场调研相结合的方法。通过对开展农村水电增效扩容改造的浙江、重庆、湖北、湖南、广西和陕西 6 省 (区、市) 的 733 座电站的改造前机组效率、前 3 年平均年发电量等数据的搜集，摸清我国建成于 1995 年之前、效率相对低下、亟待更新改造电站的分布与规模大小等总体情况。此外，为了更加深入地研究水电站各个组成部分的能效影响因素，筛选出主要的影响因素，提出科学可行的实用检测技术，研发符合农村水电站特点的检测设备，项目组选择了部分典型电站开展了现场实地调研。调查对象包括影响农村水电能效的挡蓄水建筑物 (水库)、发电引水建筑物 (进水口、隧洞、渠道、调压井、前池、压力管道等)、金属结构 (拦污栅、闸门)、机电设备 (水轮发电机组、输变电设备等) 以及运行调度方式等。调查问卷为研究我国农村水电能效现状提供了第一手资料，为后续农村水电能效指标体系的构建奠定了坚实的基础。

1.3.1　水电站机组效率调查分析

问卷调查涉及的浙江、重庆、湖北、湖南、广西和陕西 6 省 (区、市) 的项目共 733 个，调查结果统计列于表 1-2，电站机组综合效率如图 1-1 所示。这些项目改造前总装机容量 866988kW、前 3 年平均年发电量 272412.5 万 kW·h，改造后装机容量 1146415kW、年发电量 413049.9 万 kW·h。项目按所有制划分，国有独资、控股的 393 个，参股的 158 个；农村集体独资、控股的 135 个，参股的 47

个。按功能划分，综合利用项目 581 个 (其中完成水库除险加固的 167 个)，发电项目 152 个。属水利系统直接管理的 243 个。目前国产小型水轮发电机组平均综合效率为 85%左右，部分型号在最优工况下超过了 93%，已经达到世界先进水平。问卷调查的这 733 座电站都建成于 1995 年之前，当时小型水轮发电机组综合效率为 75%左右，加上多年运行效率逐年下降，目前机组综合效率多在 67%，近半数机组已达到或超过报废年限。附属电气设备自动化程度低，能耗高，故障多，部分设备属于国家明令淘汰的产品，备品备件已无从购买，每年仅因设备故障损失的电量就达 8%。通过增效改造和节能降耗，平均增效潜力可以达到 17%以上。例如，全部调查的 733 座电站里，改造前机组综合效率最低的电站——重庆市黑巷电站仅有 25%；湖北来凤县龙板电站已投运 30 多年，机电设备严重老化，综合效率只有 31%，建筑物年久失修，厂房多处渗水，渠首进水闸门锈蚀，渠道外墙濒临坍塌；湖南辰溪县罗子山坝后电站已运行 20 多年，机电设备严重老化，综合效率只有 55%，厂房裂缝逐年增大，安全隐患严重。

表 1-2   水电站机组效率分省 (区、市) 调查概况表

省份	项目数量/座	改造前			改造后		
		装机容量/kW	前 3 年平均年发电量/(万 kW·h)	机组效率/%	装机容量/kW	年发电量/(万 kW·h)	机组效率/%
浙江	116	142892	32364.5	70	180780	43767.8	81
重庆	476	393731	135283.9	65	565015	222364.2	84
湖北	47	111890	34504.5	68	134880	44942.8	83
湖南	23	89890	31198	73	108185	43133.2	87
广西	36	68750	19858	70	85670	30161.5	84
陕西	35	59835	19203.6	72	71885	28680.4	87
合计	733	866988	272412.5	67	1146415	413049.9	84

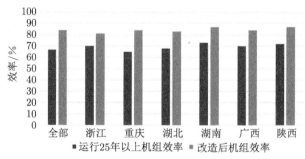

图 1-1   问卷调查电站机组综合效率概况

1.3.2 水电站机组容量统计分析

机组效率按机组容量分类统计列于表 1-3，其中 500kW 以下 (含 500kW) 的电站有 430 座，占调查总数的 59%，这些电站的额定装机容量 108543kW，运行

25 年后的平均效率为 65%；500kW 以上至 1000kW(含 1000kW) 的电站有 130 座，占总数的 18%，这些电站的额定装机容量 96340kW，运行 25 年后的平均效率为 66%；1000kW 以上至 2000kW(含 2000kW) 的电站有 74 座，占总数的 10%，这些电站的额定装机容量 107420kW，运行 25 年后的平均效率为 68%；2000kW 以上至 5000kW(含 5000kW) 的电站有 60 座，占总数的 8%，这些电站的额定装机容量 193030kW，运行 25 年后的平均效率为 75%；5000kW 以上的电站有 39 座，占总数的 5%，这些电站的额定装机容量 362065kW，运行 25 年后的平均效率为 74%。

表 1-3 按机组容量统计概况表

类别	数量/座	改造前指标				改造后指标			
		额定装机容量/kW	近 3 年平均年发电量/(万 kW·h)	机组台数	机组效率/%	装机容量/kW	年发电量/(万 kW·h)	机组台数	机组效率/%
合计	733	867398	272370	1674	67	1141810	411818	1605	84
500kW 以下	430	108543	31634	774	65	196980	66627	743	83
500~1000kW	130	96340	28512	343	66	142615	49956	334	84
1000~2000kW	74	107420	32345	227	68	136350	48612	211	84
2000~5000kW	60	193030	63563	189	75	253060	93060	180	86
5000kW 以上	39	362065	116316	141	74	412805	153563	137	87

虽然此次问卷调查的电站数量只有 733 座，但与全国农村水电的现状是基本吻合的，能说明全国农村水电效率概况，具有一定的代表性。从数据上看，半数以上的电站是 500kW 以下的小电站，5000kW 以上的电站虽然数量上不足 10%，容量之和却占了总容量的近一半。容量越小的电站效率越低，容量越大的电站效率越高。改造完成后，受技术限制，也呈现容量越小的电站效率越低，容量越大的电站效率越高。按机组容量分类综合效率、各容量段电站数量分布如图 1-2、图 1-3 所示。

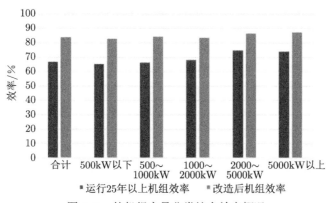

图 1-2 按机组容量分类综合效率概况

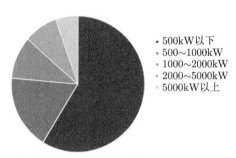

图 1-3　各容量段电站数量分布概况 (彩图扫封底二维码)

1.3.3　水电站调查揭示的问题

通过对问卷调查项目深入分析以及实地考察，总结了农村水电增效扩容改造项目存在的主要问题。具体表现在如下 7 个方面：

(1) 设备或设施已接近或超过使用年限、效率低、能耗大、存在技术缺陷和安全隐患。水轮机通流部件磨蚀严重，难以保证安全运行；电气设备老化严重，绝缘性差，绝大部分器件已属淘汰产品；金属结构设备锈蚀严重，拦污栅配置或结构不合理，压力管道较小，水头损失过大；主变压器额定容量配置不合理，多为高能耗型变压器；主要水工建筑物 (挡水坝、引水渠、厂房等) 和金属结构设备年久失修，其安全性降低；引水系统的渗漏损失过大，糙率大，不能满足过流要求。

(2) 许多老电站的机组生产于特殊年代，水力模型性能差。受当时条件制约，机组水力模型多为苏联与美国等于 20 世纪 40～50 年代研制的机型，效率偏低，制造技术落后，总体能量指标较差。加上当时技术水平有限，可供选择的机型很少，水轮机不是按电站实际条件设计而是硬性套用定型图纸，致使原来水力效率不高的转轮又偏离高效率区。部分水电站使用的 HL180、HL240、HL260、CJ20、CJ22、ZD510、ZZ600 等型号转轮，属于国外 20 世纪 30 年代至 40 年代的技术水平。经过多年运行，这些老机组效率一般都下降了 8%～10%，部分运行条件较差的机组效率下降甚至超过 15%。此外，有些电站设计时由于缺少必要的水文资料，所以电站建成后实际的来水量和水头与设计工况不符；或电站由于泥沙淤积，下游水位提高，使得电站的发电水头降低，导致水轮机组选型不满足水工条件，机组长期偏离最优工况运行。例如，岳池县某电站于 1963 年投运，水轮机设计水头范围为 16～29m，限于当时的制造能力，实际投产水轮机运行水头范围为 8～22m，严重偏离正常运行工况，致使机组出力仅为额定出力的 70% 左右。

(3) 安全隐患多。由于当时设备制造技术水平所限，加上这些年来各地对老电站维护投入不足，所以整个机组跑、冒、渗、漏现象严重，机组整体故障率高，机组 "带病" 运行，难以保证安全。

(4) 自动化管理程度低。目前可以实现 "无人值班，少人值守" 自动化管理程度的农村水电站所占比重较低。当机组发生异常、状态发生变化或参数超限时，难以及时报警，安全可靠性差；电站职工长期在噪声严重的机组旁值守，其身心健康受到严重影响；此外，国有集体电站运行管理人员超编较多，进一步影响了水电站的效益。

(5) 综合利用功能下降、对生态环境有一定影响。由于引水管道年久失修、闸门启闭不灵、压力钢管锈蚀、渗漏水严重，造成部分灌溉、供水功能丧失，水电站综合利用功能下降；受当时社会经济发展水平和环保意识认知水平制约，部分引水式水电站未考虑生态环境因素，生态泄流设施不完善，造成水电站下游部分河段出现断流现象。

(6) 资源利用率低，缺乏梯级综合调度。例如，四川省增效扩容改造涉及的315座水电站，改造前平均综合能效仅为69.49%，水能资源浪费严重。受限于当时经济发展水平和电力负荷的限制，部分电站装机容量偏小，汛期弃水过多，水能资源的利用极不合理。又如，四川某电站为径流引水式电站，电站历经多次扩建，目前装机容量为12210kW，设计引用流量为75m³/s，远低于上一级电站150m³/s和下一级电站160m³/s的设计引用流量。由于四川农村水电开发主体的多元化，各方利益不同，同一河流的水缺乏统一调度，也造成水资源不同程度的浪费。目前，随着四川河流开发中龙头水库的不断建成，省政府正着手制定相关配套政策，积极推进流域梯级的统一调度。

(7) 经营效益差，自身资金积累不足。农村水电站由于上网电价普遍偏低，其中福建省农村水电含税上网平均电价0.268元/(kW·h)，与广东、浙江等同为沿海发达省份，但差距很大，甚至低于江西、湖南等内陆省份。电站因为承担防洪、灌溉公益性任务较多等，收益非常有限，绝大部分仅能勉强支付职工工资和维持日常生产开支。从众多农村水电站的财务状况可以看出，电站基本无任何资金积累，无法提取设备折旧费，无力出资及时进行电站设施、设备的维护和更新。近几年国家金融政策的调整也导致农村水电技改融资困难，资金问题成为电站实施技改遇到的首要难题。

在财政部大力支持下，"十二五""十三五"期间中央财政安排131亿元，分两批对1995年及2000年之前投产的6500多座小水电站实施增效扩容改造。特别是"十三五"期间以河流为单元实施改造，同时修复了3000多公里减脱水河道，使1300多条河流得到初步治理。通过增效扩容改造，小水电巩固和提升了发电能力，节能减排成效显著；消除了各类安全隐患，电站管理水平大幅提升；同步开展生态修复，河流生态环境明显改善。2018年以来，水利部会同有关部门组织指导长江经济带省市完成2.5万多座小水电站清理整改，4000座退出类电站中已有3500多座电站完成退出，其余电站将于2022年底前退出，2.1万电站整改完成并落实生态流量，取得积极成效，社会反响良好。2020年以来，新时代推进西部大开发形成新格局、推动中部地区高质量发展、完整准确全面贯彻新发展理念做好碳达峰碳中和工作的意见、碳达峰行动方案等重大政策，都要求推进小水电绿色改造、绿色发展。

1.4　农村小水电降损增效发展趋势

1.4.1　结构增效及水头降损

针对小水电工程，国外在水工结构增效及水头降损方面的研究工作开展较早，注重成本和环保，提出了一些实用的技术与措施。例如，捷克 Benatkynad Jizerou 水电站通过对电站进水口和出水口部分建筑物进行改造，设计间接尾水管，在投资最小和保护环境的前提下，提高了装机容量，达到增效效果。我国针对农村水电站原设计标准、水能利用率偏低的问题，也积极开展了相关的研究工作，研究提出了一些比较实用的水工结构增效技术措施。例如，通过增设蓄水槽扩大前池容量；采取溢流坝顶增设翻板闸或橡胶坝的方法增加水能利用率；选用经济环保筑坝材料进行挡水坝的局部加高，增加库容和水能利用率；通过尾水管出口基础底板修复和降低尾水底板高程等措施，提高尾水利用率等技术。上述技术方法在一定程度上达到增效的目的，但也存在一些缺陷，使其应用受到诸多限制，如采用水头不变，扩大隧洞引水渠断面，能提高引水流量，达到扩大装机容量的目的，但渠道沿线山体陡峭，扩大隧洞存在开挖工程大等一系列问题；有些方案不适宜调峰运行方式，运行管理困难，运行成本也高；加高水库大坝，增加库容要涉及库区内的农田与林地的淹没，政策处理难度大，难以实施等。

针对很多农村老电站水工建筑物老化损伤开裂严重，急需修复加固问题，国内外已提出了较多修复技术与方法。传统修复技术包括：表面处理法、灌浆法以及填充法等。现代修复技术包括：电沉积方法、化学灌浆技术、电化学法等。结合结构强度加固的裂缝修复技术有：外包钢加固法、黏钢加固法、SRAP 工艺、加大截面加固法、高性能纤维复合材料加固法等。根据实际情况，参照方法的适用条件进行修复技术的选取，能极大限度地完成改造修复，并达到增效。

针对很多水电站设施水头损失较大，水能损耗过大的问题，国内外也提出了一些改进的技术措施。例如，应用螺旋排沙设施减少引水口泥沙进入量；改造进水口拦污栅结构及改进清污方式等；引进新型轻质水工结构及新材料技术，例如，采用玻璃钢管，聚乙烯 (PE) 管等作为输水设施，降低沿程损失等。

对于新建小水电工程以及局部需要加高加固的大量病险水库，国内外都积极研究新型水工结构型式以提高经济环保效益。基于胶结砂砾石筑坝新材料的环保型胶结砂砾石坝新坝型在国外已应用，体现了很好的经济性与环保性。该坝型也受到国内业界人士的关注，亦将其成果应用于十多个水利工程围堰和两座永久性工程大坝建设，经济环保效益显著。通过进一步研究，完善该坝型的设计理论体系和施工技术，以便在农村小水电新建、改造工程中推广应用，达到节能增效的目的。

1.4.2 小水电输出工程的降损技术

国内外都非常重视农村小水电输出工程的降损技术，美国已有积分集成芯片技术应用于测量损耗的新型电网节能表，我国目前测量损耗的主要方法是电能表法，其缺点是不能具体测量每个环节如线路、变压器等电气设备的损耗，并且误差大、成本高。研究新的实时测量电网损耗技术，开发基于积分专用集成芯片的、具有定时定位测量损耗功能的新型电网节能表是一个突破口。随着计算机和网络的日益普及，以计算机网络为基础的计算机辅助管理系统在水利系统、农村电网系统中的应用也日益普及，以配电管理 GIS 系统为平台，通过数据接口调用电网调度 SCADA 系统和电力营销管理信息系统等相关数据，使得电能损耗计算具备良好的基础条件是新的方向。

1.5 本书内容与技术路线

1.5.1 主要内容

本书内容是在总结"十二五"国家科技支撑计划课题"农村小水电节能增效关键技术 (2012BAD10B00)"之课题"农村小水电新型水工结构和降损技术研究 (2012BAD10B02)"、"农村小水电高效发电技术与设备研制 (2012BAD10B01)"，以及"十三五"国家重点研发计划项目"新型胶结颗粒料坝建设关键技术 (2018YFC 0406800)"之课题"胶结颗粒料坝结构破坏模式与新型结构优化理论 (2018YFC04 06804)"研究成果的基础上形成的，主要涉及以下几方面的内容。

1) 农村小水电沿程水能损失及降损技术

分析引水系统水能损耗、水量流失的主要原因，建立农村小水电水工建筑物和金属结构 (挡泄水系统、引水系统、拦清污系统、压力管道等) 水头损失与发电效率的关系曲线；研究提出减少水头损失的技术措施；研究利用新型轻质水工结构及新材料减少引水建筑物水能损失的新技术。

2) 农村小水电水工建筑物破损修复技术

针对农村小水电站水工建筑物老化、开裂、渗漏以及严寒地区冻胀损坏等面广量大的实际情况，研究开发水工建筑物破损快速修复实用技术。

3) 农村小水电机组与水工建筑物增效技术

结合电站机组增效扩容改造工程，以机组增效为目标，研制了高效转轮；针对导水机构普遍存在的漏水问题，从导叶立面密封、端面密封的结构优化和导叶材质等方面研发导水机构增效扩容改造技术；研究新型三偏心金属硬密封进水蝶阀在农村水电站的应用；借鉴双密封进水球阀的密封设计，研究双密封进水蝶阀密封结构优化设计；从绝缘材料和结构刚度、强度技术两方面开展发电机增效扩容的新材料、新工艺等研究，结合绝缘材料的进步和定子线圈开展降压扩容工艺的研究。

针对小水电利用水工建筑物增加水能的有效途径及措施，研究环保型胶结砂砾石坝、翻板闸门以及橡胶坝等新型结构的工程特性，提出了新型水工建筑物在老电站挡水结构加高增效方面的应用技术。

4) 农村小水电输出工程主要电气设备降损技术

研究农村小水电输出工程主要电气设备 (主变、线路等) 损耗评估的指标体系与评价方法，开发相应的软件；研究主要电气设备 (主变、线路等) 降损技术；编制相关技术标准。分析我国目前农村小水电配电网常规损耗测量法存在的问题，研究电流积分法实时测量电网损耗技术，开发新型电网节能表智能型数字式漏电保护器。

1.5.2 技术路线

通过对我国农村水能开发利用现状的调查，采用数理统计、历史资料分析、材料特性试验、结构试验、现场测试、数值模拟仿真技术以及应用实践等方法和手段，研究农村小水电水能高效利用的新结构、新材料和新技术，开发输出工程主要电气设备降损技术及配电网损耗测量和电网节能技术。研究实施的具体技术路线图如图 1-4 所示。

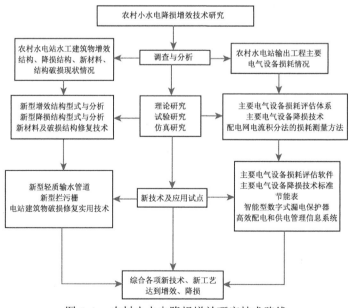

图 1-4 农村小水电降损增效研究技术路线

第 2 章 农村小水电沿程水能损失及降损技术

我国农村小水电站面大量广，小水电站增效扩容改造工程任务艰巨。深入研究老旧电站水能损失原因及机理，开发针对性的有效降损技术，对提高农村水电综合能效和农村水电开发现代化水平具有重要意义。

本章首先分析农村小水电引水系统水能损耗、水量流失的主要原因，建立农村小水电水工建筑物和金属结构 (挡泄水系统、引水系统、拦清污系统、压力管道等) 水头损失与发电效率的关系；在此基础上，研究提出减少引水建筑物水能损失的技术措施。

2.1 农村小水电沿程建筑物及其水能特征

典型的无压引水式农村小型水电站示意图如图 2-1 所示，其水工建筑物主要有引水坝 (进水口)、沉沙池、引水渠、前池、压力管道 (水轮机和引水管)、厂房和尾水渠等。

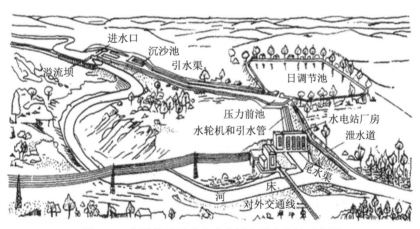

图 2-1 典型的无压引水式农村小型水电站示意图

农村水电站的建筑物主要可分为三大类：① 首部枢纽建筑物，包括壅高河流水位及将水流引向引水渠的挡水建筑物和导流建筑物；② 引水及其辅助建筑物；③ 厂房枢纽，包括压力水道末端及其以后的一整套建筑物。图 2-2 为农村小水电站系统的基本组成图。

$$挡水坝 \Rightarrow \begin{cases} 发电系统 \begin{cases} 有压式: 进水口 \rightarrow 压力隧洞 \rightarrow 调压室 \rightarrow 压力管道 \\ \quad\quad\quad\quad \rightarrow 厂房 \rightarrow 开关站 \rightarrow 尾水渠 \\ 无压式: 进水口 \rightarrow 沉沙池 \rightarrow 引水渠 \rightarrow 日调节池 \\ \quad\quad\quad\quad \rightarrow 压力池 \rightarrow 压力管道 \rightarrow 厂房 \rightarrow 开关站 \\ \quad\quad\quad\quad \rightarrow 泄水道 \end{cases} \\ 泄洪系统 \rightarrow 下游保护对象 \end{cases}$$

图 2-2　农村小水电站系统的基本组成图

水头和流量是构成水能的要素，水电站的水能损失也就是水头和流量的损失。农村小水电水头损失包括：渠首水头损失、明渠及渠系建筑物水头损失、无压隧洞水头损失、有压隧洞和压力管道水头损失、尾水水头损失。农村小水电水量损失包括：水库水量损失、渠首水量损失、明渠及渠系建筑物水量损失、无压隧洞水量损失、压力前池水量损失、有压隧洞和压力管道水量损失。循着水电站的运行全过程，对各环节可能出现的能量损失进行分析，可获得小水电站具体的水能损耗规律及特点。

2.1.1　水库水量损失

当天然来水量较多，超过了机组的过流能力和水库的容纳能力，有部分水量从溢洪道弃水而不能利用。弃水量的多少与装机容量和水库的调节能力有关。早期所建农村小水电站因当时设计水平低、水文系列短、机电设备型号不全等，导致水轮机组选型不当，长期偏离最优工况运行，损耗严重且能效低下；汛期弃水过多并缺乏流域梯级联合调度，总体发电潜力未得到充分发挥。

天然来水进入水库后，形成一定面积的水面，会产生一定水量的蒸发损失，其大小与水面面积成正比。水体储于水库中，坝基、坝肩和坝体会产生一定数量的渗漏，渗漏水量与坝高、地质条件、基础处理质量等因素有关。例如，浙江省某水库，如图 2-3 所示，曾经存在的最主要问题就是渗漏水量偏大。最大渗漏水量出现在 2005 年 7 月 21 日，当时相应库水位为 815.98m，流量为 35.518L/s。

(a) 水库全貌　　　　　　　　　(b) 水库渗漏水量水堰

图 2-3　浙江省某水库

2.1.2 进水口水量与水头损失

进水口处的水量损失主要是冲沙闸、排污闸运行的年耗水量，其水量大小与闸门大小、冲沙和排污水头、闸门开启的频繁程度有关。同时由于考虑不周全，有些小水电站甚至缺少冲沙闸和冲沙道，引水渠的冲沙效果不够理想，导致堵塞引水渠道，阻碍过水，使机组不能良好地运行，效率低下。同时在渠首处的挡水闸门、冲沙闸、排污闸处，常存在止水带老化或破裂，维护工作不到位的现象，造成漏水量较大。

水流入进口时产生的水头损失与进口的形状和流速有关，农村小水电由于其调节能力低，流速变化大，常常在进水口处形成较大的水头损失。水流在进水口流经节制闸门槽、胸墙时往往产生局部水头损失，其大小与门槽、胸墙的形状和流速有关。在水流通过拦污栅时，也会产生较大水头损失，其大小与拦污栅的大小、栅条的形状、间距有关，还与运行时栅上的垃圾附着量有关。每年进入丰水期后，来水量大、漂浮杂物多，水电厂机组进水口拦污栅都会不同程度地出现淤积现象，如图 2-4 所示。这种问题在低水头河床式电厂淤积更为严重，水头损失常会超过 20%，机组出力下降较大，大部分小水电出于节省前期投资的考虑，都未设置有清污机，此外农村小水电站往往与人们的农业生产密切联系，引水渠道中多有作物秸秆、农业生产垃圾等，常常会造成拦污栅阻塞现象。

(a) 拦污栅淤堵　　　　　　　　　(b) 拦污栅上清理的堵塞物

图 2-4　某水电站拦污栅区域淤堵

2.1.3 明渠及渠系建筑物水量与水头损失

明渠及渠系建筑物的水量损失与其长度、地质条件、衬砌型式、运行维护情况等因素有关。由于农村小水电施工技术和材料的限制，渠系建筑物往往渗漏严重。图 2-5 为某水电站引水渡槽破损漏水照片。

明渠及渠系建筑物的水头损失与其坡降、断面形状、衬砌型式、运行维护情况等因素有关。农村小水电站由于施工条件、资金短缺等限制，渠道边壁多采用砌石衬砌，还有一些电站渠壁不加任何衬砌，存在严重的渗漏水现象，水头损失大。部分电站明渠维护不力，渠内杂草丛生，淤堵渠道，极大地增大了水头损失。图 2-6(a)、(b) 分别为砌石衬砌明渠及杂草丛生明渠现场照片。

(a) 渡槽侧面渗水　　　　　　　　　　(b) 渡槽底部渗水

图 2-5　某水电站引水渡槽破损漏水照片

(a) 砌石衬砌明渠　　　　　　　　　　(b) 明渠内杂草

图 2-6　引水渠道现场照片

2.1.4　无压隧洞水量与水头损失

无压隧洞的水量损失与无压隧洞的长度、地质条件、衬砌型式、运行维护情况等因素有关。为节约工程投资，农村小型水电站的压力隧洞一般都无衬砌或少衬砌，在运行过程中，个别电站会出现压力隧洞漏水现象，在山体外形成集中漏水出口，冲走山坡覆盖层，从而造成山体滑坡等灾害。小型水电站的压力隧洞围岩虽无明显渗漏通道，但如果岩石裂隙发育，在压力的作用下也会导致集中渗漏现象发生。例如，某农村小水电站，在规划该电站时隧洞洞线全长 2km，为节省勘测费用，未对洞线全程进行实际测量，仅根据万分之一图上山脉的走向，大致布置了洞线走向，致使局部隧洞围岩偏薄，局部渗漏严重。

水经过无压隧洞时产生的水头损失,其大小与无压隧洞的坡降、地质条件、断面形状、衬砌型式、运行维护情况等因素有关。农村水电站的引水隧洞一般直接借用天然的地势,边上没有任何的衬砌,如图 2-7(a) 所示某水电站引水隧洞无衬砌,且处于山林深处,维护困难;如图 2-7(b) 所示某水电站引水隧洞虽然进行了衬砌处理,但是在运行过程中存在破损、修补不及时现象,增大了水流流经无压隧洞时的水头损失。

(a) 无衬砌隧洞   (b) 隧洞衬砌破损

图 2-7   引水隧洞出口

2.1.5   压力前池水量损失

水流经压力前池时产生的水量损失主要是前池基础、边墙和排沙放空闸的漏水量,其大小与前池的地质条件、结构型式、运行维护情况等因素有关。图 2-8 所示为某水电站的压力前池,由于衬砌老化,挡墙底部有 4 个出水点,漏水情况严重,以至于水电站处于暂停发电状态。

(a) 前池拦污栅   (b) 前池衬砌

图 2-8   某水电站的压力前池

2.1.6   有压隧洞、压力管道水量与水头损失

水经过有压隧洞时产生的水量损失、水头损失,其大小与隧洞的长度、断面大小、洞内水压、地质条件、衬砌型式和运行维护情况等因素有关。有压隧洞洞壁的裂缝往往给渗水造成通路,造成水量损失。水流经压力管道时产生的水量损失包括管身段、弯管段、伸缩节、阀门、法兰等附件的漏水量,其大小与压力管

道的材质、长度、直径、制造工艺和运行维护情况等因素有关。例如，太湖县某电站运行 1 年后压力管道开始出现渗漏，随着时间的推移，压力管道上、下游各有 1 处明显漏水的地方，严重地影响了电站的发电效益。压力管道的水头损失大小与压力管道的材质、长度、直径、尺寸形状变化、地形条件、制造工艺和运行维护情况等因素有关。

2.1.7　尾水建筑物水头损失

农村小水电站尾水建筑物包括尾水室、尾水渐变段、尾水检修闸门和尾水渠道等。农村小水电站尾水渠道一般较短，若尾水渐变段出口断面选取的太小，则水电站出口流速增大，出口水头损失加大，降低了水电站发电效益，对低水头、大流量的水电站更为明显。某水电站当尾水出口流速为 1.5m/s 时，出口水头损失为 0.11m；当尾水出口流速为 3m/s 时，出口水头损失达到 0.46m。

为了便于研究，把所有的能量损失归类到表 2-1 中。

表 2-1　水电站能效影响因素汇总表

能效类型		影响因素
径流及水库特性		水库弃水量
水工建筑物能效	水头损失	渠首进口局部水头损失
		明渠及渠系建筑物水头损失
		无压隧洞水头损失
		有压隧洞水头损失
		压力管道进水口局部水头损失
		压力管道水头损失
		尾水水头损失
	水量损失	水库蒸发和渗漏水量
		明渠及渠系建筑物漏水量
		无压隧洞漏水量
		压力前池漏水量
		有压隧洞漏水量
		压力管道漏水量
金属结构能效	水头损失	渠首过栅水头损失
		渠首过闸水头损失
		压力管道进口过栅水头损失
		压力管道进口过闸水头损失
	水量损失	渠首冲沙、排污耗水量
		渠首闸门漏水量
机电设备能效	水力机械能效	水轮机效率
		主阀的水头损失
	电气设备能效	发电机效率
		开关设备及母线的损耗
		主变的损耗
运行能效	厂用电	厂用电量
	厂用水	厂用水量

2.2 农村小水电发电水能功率及影响因素

农村小水电站的发电功率取决于水轮机的出力 N，等于水轮机的输入功率 N_w 与水轮机的效率 η 的乘积，也可以用流量与水头表示，即

$$N = \eta N_w = 9.81\eta \cdot Q \cdot H$$
$$= 9.81\eta \cdot (Q_0 - Q_f)(H_0 - H_f) \tag{2.1}$$

式中：η 为水轮机的效率；N_w 为水轮机的输入功率；Q 为通过水轮机的流量，单位为 $\mathrm{m^3/s}$；H 为通过水轮机的水头，单位为 m；Q_0、H_0 分别为进水口的流量和电站毛水头；Q_f、H_f 为整个水电站沿程产生的总的水量损失及水头损失。

式 (2.1) 中 H_f 根据水头损失产生的位置不同，可将总水头损失看作挡泄水系统、引水系统、拦清污系统、压力管道四个部分产生的水头损失 h_w 之和 ($H_f = \sum h_w$)，而 h_w 可由下式得到

$$h_w = \sum h_f + \sum h_j \tag{2.2}$$

式中：h_f、h_j 分别为不同建筑物沿程水头损失和局部水头损失。

式 (2.2) 中的 h_f、h_j 主要是根据液流边界状况的不同来区分的，需要依据具体情况进行分析计算。

(1) 沿程水头损失是指液体流过边界时由液层间摩擦作用产生的阻力引起的水头损失，用 h_f 表示。沿程水头损失 h_f 一般可根据 Darcy-Weisbach 公式计算

$$h_f = \lambda \frac{l}{4R} \frac{v^2}{2g} \tag{2.3}$$

式中：λ 为待定的无量纲数，亦称沿程水头损失系数；R 为水力半径 (m)；v 为过流断面的平均流速 (m/s)；g 为重力加速度 ($9.81\ \mathrm{m/s^2}$)。

由于式 (2.3) 中沿程水头损失系数 λ 包含的影响因素太多，不便于实际工程计算时选取，故目前在工程中广泛应用谢才公式来计算沿程水头损失

$$h_f = \frac{1}{C^2} \frac{l}{R} v^2, \quad C = \frac{1}{n} R^{\frac{1}{6}} \tag{2.4}$$

式中：C 为谢才系数 ($\mathrm{m^{0.5}/s}$)；R 为水力半径 (m)；v 为过流断面的平均流速 (m/s)；n 为无量纲数，称为糙率。

(2) 局部水头损失是指液体流过形状急剧变化的边界时由液层间急剧的摩擦和碰撞产生的阻力引起的水头损失，其计算式为

$$h_j = \zeta \frac{v^2}{2g} \tag{2.5}$$

式中：ζ 为局部水头损失系数。

如上所述，总水头损失可表述为挡泄水系统、引水系统、压力管道、拦清污系统四个部分产生的水头损失之和，而各部分产生的水头损失都包括沿程水头损失和局部水头损失，其均可根据式 (2.4)、式 (2.5) 得到。但不同系统在结构型式、结构布置、所处环境等方面差异很大，所以上述计算水头损失公式中参数的选取需对不同的部分进行特定的分析。

针对上述关键问题，围绕进水口的渐变段长度、水流淹没深度、流量流速、引水渠道的断面型式、糙率、压力管道的渐变段长度、直径以及拦清污系统的断面型式、锈蚀、堵塞率等影响因素，分别分析其与水头损失之间的关系，并在此基础上提出合理的减少水工建筑物和金属结构水能损失的新技术和措施，为新水电站设计及旧水电站改造提供一定的设计依据及参考资料。

2.3　农村小水电进水口水头损失及降损措施

农村水电站的挡泄水系统通常包括挡水坝、进水口等，由于挡水坝不涉及水头损失，本节仅讨论进水口的水头损失影响因素及其计算。进水口的水头损失主要是局部水头损失，其大小也是衡量进水口水力设计和水流条件优劣的重要指标。

2.3.1　进水口不同结构型式水头损失

农村水电站进水口一般由进口段、闸门段和渐变段组成，本节探究进水口渐变段、进水口淹没深度、进水口流速等对水头损失的影响。

1. 进水口渐变段对水头损失的影响

进水口渐变段是由矩形闸门段到圆形隧洞的过渡段，为使水流平顺、流速变化均匀、水流与四周侧壁之间无负压及旋涡，通常采用圆角过渡，其轮廓能光滑连接闸门段和隧洞段，这样能保证减小水头损失，提高水能利用效率。进水口段的水头损失主要包括了拦污栅结构体 (未含拦污栅片)、喇叭口段、检修门槽、快速门槽和方变圆渐变段等产生的水头损失。图 2-9 为农村水电站渐变段位置及体型结构示意图。为了研究水电站进水口渐变段局部水头损失，分别考虑渐变段长度、隧洞长度和圆形隧洞直径三个影响因素，建立了参数化的数值模型，并进行了一系列计算比较分析，为提出合理的降损技术提供参考。

1) 模型几何参数及数值模型

图 2-10 为水电站进水口渐变段可变参数纵剖面示意图。其中 L_1 为矩形入口段，L_2 为渐变段长度，L_3 为圆管段长度，L_4 为控制断面 1-1 距渐变段起始点

的距离，L_5 为 2-2 断面距渐变段终止点的距离，L 为矩形入口段高度，D 为圆管的直径。通过上述可变参数的组合，建立针对不同影响因素的计算模型。在可变参数几何模型的基础上，通过 ICEM-CFD 软件进行网格划分，形成数值计算模型。

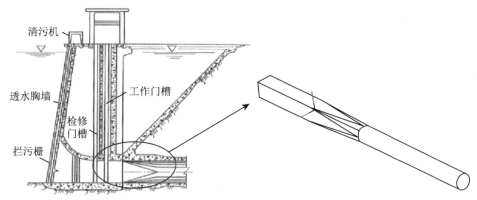

图 2-9 农村水电站渐变段位置及体型结构示意图

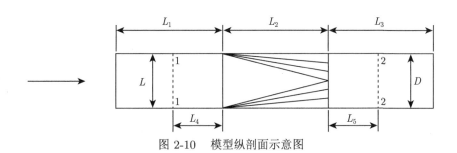

图 2-10 模型纵剖面示意图

数值计算模型边界条件：进水口采用速度模式，出水口为压力模式，固壁边界采用无滑移条件。流体采用 k-ε 紊流模型，采用 SIMPLE 方法进行数值计算。其他基本参数如下：计算时假设水体温度为 20°C，水体密度为 998.2kg/m^3，黏性系数为 1.002×10^{-3}Pa·s，管内当量粗糙度 Δ 值为 0.1mm。

为了便于分析说明，此处给出基于 Bernoulli(伯努利) 方程的断面 1-1 与 2-2 之间的水头损失表达式

$$z_1 + \frac{p_1}{\rho g} + \alpha \frac{v_1^2}{2g} = z_2 + \frac{p_2}{\rho g} + \alpha \frac{v_2^2}{2g} + h_w \tag{2.6}$$

式中：z_1、z_2 分别为过水断面 1-1、2-2 的平均高程；p_1、p_2 分别为过水断面 1-1、2-2 的平均压强；v_1、v_2 分别为过水断面 1-1、2-2 的平均速度；α 为修正系数，取

为 1；h_w 为两断面间的水头损失。

$$h_w = \frac{p_1 - p_2}{\rho g} + z_1 - z_2 + \alpha \frac{v_1^2 - v_2^2}{2g} \qquad (2.7)$$

假定断面 1-1、2-2 平均高程为同一高程，即 $z_1 = z_2$，则有

$$h_w = \frac{p_1 - p_2}{\rho g} + \frac{v_1^2 - v_2^2}{2g} \qquad (2.8)$$

2) 渐变段长度水头损失结果及分析

为研究渐变段长度对水头损失的影响，进行 5 组不同长度 L_2 的数值模拟，为了消除沿程水头损失的影响，取 $L_2 + L_5$ 的组合值相等，为 20m。计算参数组合方案如表 2-2 所示。

表 2-2　不同渐变段长度计算方案

	L/m	D/m	L_1/m	L_2/m	L_3/m	L_4/m	L_5/m
1				15	15		5
2				10	20		10
3	2	2	10	6	24	2	14
4				2	28		18
5				1	29		19

图 2-11 给出了水头损失随渐变段长度变化图。由图 2-11 可以看出，在渐变段与圆管段长度之和相同的情况下，随着渐变段长度的增大，渐变段局部水头损失减小；同时整个管道的水头损失也随着渐变段长度的增大而减小。所以在电站设计及改造中，可以通过适当地延长渐变段长度，以达到降低整个进水口水头损失的效果。

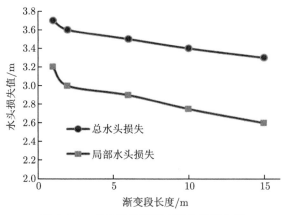

图 2-11　水头损失随渐变段长度变化图

3) 圆形隧洞长度水头损失结果及分析

为研究圆形隧洞长度对水头损失的影响，固定渐变段长度为 10m，进行 4 组 L_3 取不同长度值的数值模拟。计算参数组合方案如表 2-3 所示。

表 2-3　不同隧洞长度计算方案

	L/m	D/m	L_1/m	L_2/m	L_3/m	L_4/m	L_5/m
1					20		
2	2	2	10	10	30	2	10
3					40		
4					50		

图 2-12 为水头损失随圆管段长度变化图，由图 2-12 可以看出，在渐变段与圆管段直径相同的情况下，随着圆管段长度的增大，局部水头损失减小，这是由于随着圆管段长度的延长，如图 2-10 所示，1-1 断面与 2-2 断面间压强变化减小，从而使得局部水头损失减小。但是随着圆管段长度的增长，管道总水头损失增大，所以不可能通过延长圆管段长度以减小水头损失。

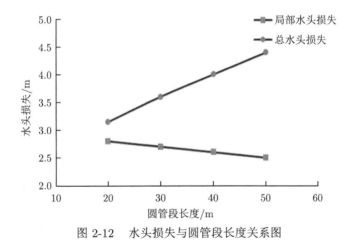

图 2-12　水头损失与圆管段长度关系图

4) 圆形隧洞直径变化水头损失结果及分析

为研究圆形隧洞直径变化对水头损失的影响，固定 L 为 2m，L_1 和 L_2 为 10m，L_3 为 20m，L_4 为 2m，L_5 为 10m。考虑到一般工程中圆管段直径不大于方管段直径，所以圆管段直径依次取为 1.0m、1.2m、1.4m、1.6m、1.8m、2.0m 进行计算分析。图 2-13 为水头损失随圆管直径变化图，从图 2-13 可以看出，在渐变段与圆管段长度相同的情况下，随着圆管段管径的增大，渐变段局部水头损失迅速减小。设计中可通过尽量使圆管段直径接近方管段边长，以达到降低整个进水口水头损失的效果。

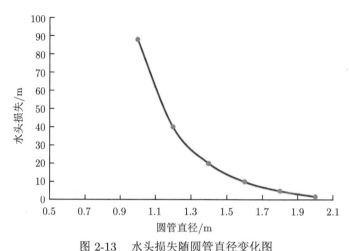

图 2-13　水头损失随圆管直径变化图

2. 进水口淹没深度对水头损失的影响

为研究进水口淹没深度对水头损失的影响，以某工程引水建筑物为实例建立参数化模型进行计算分析。引水渠道与前池衔接段渠道长度为 10m，宽 5m，渠道高度为 3m；前池底部高程与渠底相同，水流由引水渠道流入前池，向两侧以 45° 扩散，单边扩散垂直距离 1.5m，前池总长 6m，宽 8m；进水口长 3m，宽 3m，呈喇叭状，前池向进水口以 45° 角收缩，单边水平收缩距离 1.5m；压力管道直径 1.2m。引水建筑物平面图、纵剖面图如图 2-14、图 2-15 所示。建立的某小水电进水口三维几何模型如图 2-16 所示。

数值分析中为了准确捕捉自由表面，计算域包括水域以及自由水面上方一定高度的空气域，对引水渠道及前池空气域高度取 1m。

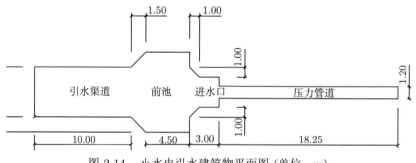

图 2-14　小水电引水建筑物平面图 (单位：m)

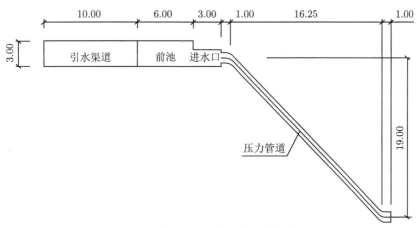

图 2-15 小水电引水建筑物纵剖面图 (单位：m)

图 2-16 进水口压力管道三维模型图

空气渗入是进水口局部水头损失不可忽略的因素，进水口空气渗入会加剧进水口内部旋涡的形成，水流流态更为紊乱，水头损失较为严重，因此为了防止空气渗入进水口，必须对进水口淹没深度有一定的要求，进水口淹没深度 h 示意如图 2-17 所示。

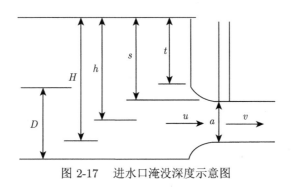

图 2-17 进水口淹没深度示意图

额定流量 $Q_{\text{额}}$＝2.8m³/s，在进水口淹没深度 2m、2.25m 与 2.5m 条件，下水头损失计算结果如表 2-4 所示，当进水口淹没深度为 2.00m 时总水头损失最大，2.25m 时其次，2.50m 时最小。

表 2-4　进水口不同淹没深度下水头损失对比

淹没深度/m	渠道流速/(m/s)	进水口流速/(m/s)	管道流速/(m/s)	出口压强/Pa	总水头损失/m
2	0.23	0.467	2.478	189810	0.8068
2.25	0.204	0.467	2.478	190717	0.7134
2.5	0.184	0.467	2.478	191375	0.6455

水流从前池流入进水口，在进水口处为多相流流动，有部分空气随着水流一同进入进水口，并向压力管道深入流动，空气的混入对进水口水头损失产生较大影响。通过 CFX 软件后处理功能，可以得到不同工况进水口处水体积分布云图，进水口淹没深度为 2m 与 2.5m，水体积分布云图如图 2-18 所示，图中蓝色部分表示空气体积率 100％。

由图 2-18(a) 可见，当淹没深度为 2m 时不仅在进水口中存在大量空气，而且还有相当一部分空气由进水口进入压力管道，混入压力管道的空气的存在，使压力管道中水流更为紊乱，局部水头损失也随之变大。

由图 2-18(b) 可见，当进水口淹没深度为 2.5m 时只在进水口前半部分存在明显蓝色区域，而压力管道渐变段处基本观察不到，说明此时进水口中混入的空气较其他两种工况已经大幅降低。为了减少空气对进水口水头损失的影响，防止过多空气渗入压力管道中，在设计水电站进水口及改造老旧电站进水口时，应将进水口淹没深度控制在 2.25m 以上，较进水口高度高出 12.5％。

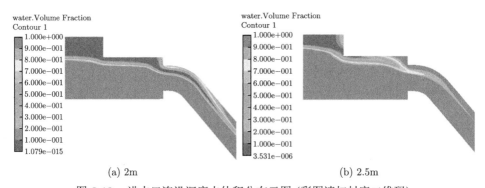

图 2-18　进水口淹没深度水体积分布云图 (彩图请扫封底二维码)

3. 进水口流速对水头损失的影响

表 2-5 给出了六种流量条件下数值计算与传统理论得到的进水口部位水头损失值，流速与水头损失关系如图 2-19 所示。由图可见，进水口水头损失数值计算结果大于传统理论计算结果。

表 2-5 进水口水头损失理论计算与数值计算结果对比

流量 /(m³/s)	进水口流速/(m/s)	管道流速/(m/s)	理论计算头损失/m	数值计算损失/m
1.2	0.20	1.062	0.051	0.060
1.6	0.27	1.416	0.090	0.112
2.0	0.33	1.770	0.141	0.177
2.4	0.40	2.124	0.203	0.270
2.8	0.47	2.478	0.276	0.383
3.2	0.53	2.832	0.361	0.529

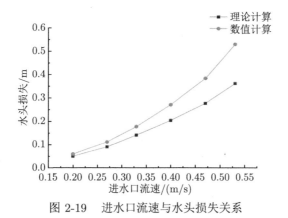

图 2-19 进水口流速与水头损失关系

2.3.2 减少进水口水头损失的技术措施

基于上述研究，可通过以下技术手段减小进水口水头损失。

(1) 优化进水口设计，改善进水口的结构体形，增加淹没水深或减少进水口流速，能有效地防止旋涡，尤其是吸气旋涡的产生，降低水头损失。

(2) 在平面布置上，尽量使来流边界在垂直和水平方向比较平顺，尽可能使进水口附近水流边界对称，避免在进水口采取后倾式胸墙。当无法改变边界条件时，可采取压低闸门门孔，使其在相同的流量下增大淹没深度，减小孔前行进流速或者在孔口前水面设置漂浮式的排筏、隔栏或横梁等，以破坏不利的水流流态，当水头很低时，在孔口顶端设置导向板，不但能克服旋涡，还能提高泄流能力。在设计进水口的位置时，应尽可能降低进水角，进水角越大，行进水流所具有的初始环量越大，越可能形成强度较大的旋涡。在条件允许的情况下，尽可能地加长正向引水渠的长度，使进水口附近的环量减弱。

(3) 改善运行方式。尽量在高水位工况下运行，以保证进水口前有一定的淹没深度。在保证一定出流的情况下，可减小进水口的流速，削弱水流的紊动，避免水面旋涡的发生；当存在多孔进水口时，应合理安排工况，尽可能使进水口对称进水。

2.4　农村小水电引水渠道水头损失及降损措施

农村水电站的引水系统主要指引水明渠，水电站的引水渠道应满足下列要求：

(1) 足够的输水能力。渠道应能随时向机组输送所需的流量，并有适应流量变化的能力。

(2) 水质符合要求。为防止有害的污物及泥沙经渠首或由渠道沿线进入渠道，在渠末水电站压力管道进口处还要再次采取拦污、排冰、防沙等措施。

(3) 经济合理的构造。结构经济合理，便于施工运行。

(4) 运行安全可靠。渠道中既要防冲又要防淤，为此渠内流速要小于不冲流速而大于不淤流速，渠道的渗漏要限制在一定范围内，过大的渗漏不仅造成水量损失，而且会危及渠道的安全。渠道中长草会增大水头损失，降低过水能力。在渠道中加设护坡既可减小糙率，又可防冲、防淤、防草，还有利于维护边坡稳定，但造价较贵。严寒季节，水流中的冰凌会堵塞进水口拦污栅，暂时降低水电站出力，通过控制水流流速小于 0.45~0.60m/s，从而在渠中快速形成冰盖的方法可防止冰凌的生成，为了保护生成的冰盖，渠内流速应限制在 1.25m/s 以下，并防止过大的水位变动。

明渠作为无压引水式水电站的一种主要建筑物形式，其水头损失主要是沿程水头损失，影响因素主要有渠道糙率、边界几何形状、弯道、变断面、建筑物、流量、水质、施工质量、使用年限、养护条件等。同时对于渠道中形状突变的区域，也存在局部水头损失，变断面的局部水头损失系数可通过查阅资料获取。

2.4.1　引水渠道断面型式水头损失

农村小水电引水建筑物引水渠道通常有三种断面型式：矩形断面、梯形断面和 U 形断面。矩形断面是一种较为原始的断面型式，至今仍在一些小型工程中应用，这种断面多呈长方形或正方形，且设计、施工简单，但矩形断面水力半径小，湿周短，使得渠道水力条件较差，过水能力较低。梯形断面是在矩形断面基础上发展起来的一种断面型式，具有较好的水力条件，过水能力相对较高，断面呈倒梯形，两侧渠边坡常采用 1:1~1:1.5。U 形断面在水力条件和抗冻能力等方面都大大优于矩形或梯形断面，其形式为半圆直边式和圆弧斜边式两种，前者多用于小型工程，后者用于较大工程。

为了对比不同断面型式对水头损失的影响，分别计算矩形断面、梯形断面和 U 形断面水头损失大小。矩形断面底宽 2.0m，水深 2.5m，流过流断面面积 5.0m²。

梯形断面与 U 形断面示意图如图 2-20 所示，梯形断面下边长 1.5m，过流上边长 2.5m，水深 2.5m，过流断面面积 5m²。U 形断面过流断面直径 5m，水深 2.5m，过流断面面积 4.9m²。梯形断面与 U 形断面计算长度与矩形断面相同，都为 5km。

图 2-20　梯形断面与 U 形断面示意图

梯形断面水力半径为

$$R = \frac{s}{b+2c} = \frac{5}{1.5+2\times2.55} = 0.757(\text{m}) \tag{2.9}$$

U 形断面水力半径为

$$R = \frac{s}{c_{弧长}} = \frac{4.9}{3.925} = 1.25(\text{m}) \tag{2.10}$$

梯形断面渠道与 U 形断面渠道沿程水头损失计算方法与矩形断面渠道沿程水头损失计算方法相同，三种断面型式不同流量工况计算结果对比如表 2-6 所示，由表可见，在流量相同的情况下，三种不同的断面型式中，U 形断面水头损失最少，梯形断面其次，矩形断面最大。

表 2-6　三种断面水头损失对比

流量/(m³/s)	矩形断面水头损失/m	梯形断面水头损失/m	U 形断面水头损失/m
1.2	0.0762	0.0705	0.0376
1.6	0.1355	0.1254	0.0669
2.0	0.2118	0.1960	0.1045
2.4	0.3050	0.2822	0.1505
2.8	0.4152	0.3841	0.2049
3.2	0.5424	0.5017	0.2676

图 2-21 所示为不同断面型式水头损失影响对比，由图可见，相同流量下，矩形断面与梯形断面沿程水头损失相差不大，而 U 形断面沿程水头损失仅为矩形断面与梯形断面的一半左右。

由面积相等的几何图形可知，U 形断面的湿周最短，所以 U 形断面型式较矩形断面、梯形断面的水力半径大，在其他条件相同的前提下，U 形断面具有更好的水力过渡条件，同时水头损失也最小，在工程应用中，应从水头损失和工程造价两方面综合考虑，选择合适的断面型式。

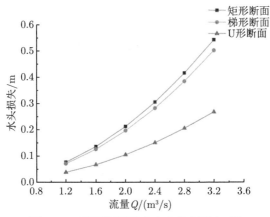

图 2-21   不同断面型式水头损失影响对比

农村小水电站一般建在偏远的山区，植被茂盛，引水渠道边青苔大面积生长，杂草丛生，严重影响过流能力，且使得渠道的糙率增加，从而导致水流到发电机组前的水头减小，影响了发电效率。其次很多渠道是利用山体地势而建，一般没有保护措施，山上杂石、枯枝等容易堵塞过水流道，致使过水流量减小，渠道的糙率增加，从而使得到达机组前的流量减少，发电效率降低。

2.4.2   减少引水渠道水头损失的技术措施

通过引水渠道不同断面型式的定量计算分析以及农村小水电引水渠道现状的定性描述，建议以下几种减小引水渠道水头损失的措施：

(1) 减小渠道糙率，对渠道边壁进行衬砌处理。当引水明渠有青苔杂草时，应及时处理，保持渠道边平顺过水自然。

(2) U 形断面具有更好的水力过渡条件，同时水头损失也最小，在工程应用且水流充足的情况下，可以考虑采用 U 形断面的引水渠道减小水头损失。

(3) 尽量避免突变断面，采取截弯取直措施；对于不得不存在变断面的部位，尽量采用平缓过渡，采用流线型构造，减小对水流的阻碍作用。

(4) 加强施工质量管理，避免渠道衬砌边壁损坏、脱落。在运行过程中，做好巡检、定期检查，发现破损及时修理，发现堵塞现象立即清理。

2.5   农村小水电压力管道水头损失及降损措施

压力管道是指将水流从进水口引到水轮机的引水管道，压力管道中水流一般为有压流，压强较大，速度较快，其水头损失由沿程水头损失与局部水头损失组成。压力管道沿程水头损失一般与管道的材质、管道长度、管道直径、尺寸型状等因素有关；局部水头损失主要与渐变段的结构型式有关。压力管道按材料不同，可分为钢管、钢筋混凝土管与钢衬钢筋混凝土管。钢管的优点是强度高、防渗性能好，常用于大、中型水电站。钢筋混凝土管的优点在于造价低、经久耐用，常用于中、小型水电站。在钢筋混凝土管内衬以钢板形成钢衬钢筋混凝土管，常用于大流量、大直径水电站。农村小水电站中普遍采用钢管或钢筋混凝土管作为压力管道。下面主要从压力管道渐变段长度、管道直径这两个影响因素来探讨其与水头损失之间的关系。

2.5.1　压力管道水头损失

1. 压力管道渐变段长度对水头损失的影响

渐变段是产生局部水头损失的主要部位，当水流流经渐变段时，由于部件内壁糙率的变化、水流行进受阻等原因，水的流态由层流变为不稳定的紊流，甚至形成旋涡，产生局部的水能消耗，这样就产生了局部的水头损失。

压力管道三维几何模型采用图 2-14、图 2-15 中的压力管道部分参数，额定流量 $Q_{额} = 2.8\mathrm{m}^3/\mathrm{s}$，管道直径均为 1.2m，数值模拟渐变段长度分别为 0.8m、1.0m、1.2m、1.4m、1.6m 时的总水头损失，结果如表 2-7 及图 2-22 所示。由图可见，总水头损失随渐变段长度增加而减小，这是由于水流在进水口与压力管道交界处边界条件变化较大，水流紊流强度增加，当水流经过渐变段后，流动方向发生改变，适当增加渐变段长度，可以降低紊流强度，从而减小水头损失。

表 2-7　不同渐变段长度总水头损失

渐变段长度/m	渠道流速/(m/s)	管道出口压强/Pa	总水头损失/m
0.8	0.224	190678	0.7168
1.0	0.224	191375	0.6455
1.2	0.224	191883	0.5938
1.4	0.224	192173	0.5642
1.6	0.224	192392	0.5419

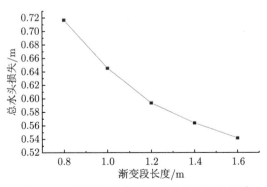

图 2-22　渐变段长度变化与总水头损失关系

2. 压力管道直径对水头损失的影响

压力管道沿程水头损失与管道直径密切相关，运用达西公式计算不同流量 (2.4m³/s、2.8m³/s 与 3.2m³/s)、不同管道直径 (0.8m、0.9 m、1.0m、1.1m、1.2m) 的压力管道的水头损失，结果列于表 2-8，管道沿程水头损失与直径关系如图 2-23 所示。

表 2-8　达西公式计算管道沿程水头损失

管道直径/m	沿程水头损失/m		
	流量 (2.4m³/s)	流量 (2.8m³/s)	流量 (3.2m³/s)
0.8	0.3398	0.4458	0.5641
0.9	0.1941	0.2545	0.3219
1.0	0.1174	0.1541	0.1949
1.1	0.0746	0.0978	0.1238
1.2	0.0493	0.0646	0.0818

由图 2-23 可见，三种流量工况下，压力管道沿程水头损失均随直径变大而减小，直径越小时，水头损失急剧变大，而直径增大后，水头损失变化逐渐趋于平缓。

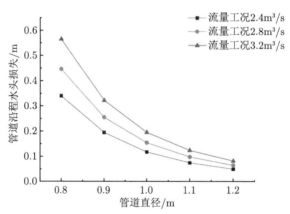

图 2-23　达西公式计算水头损失与管道直径关系

运用海曾-威廉公式计算相同流量工况下压力管道沿程水头损失计算结果如表 2-9 所示，管道沿程水头损失与直径关系见图 2-24。达西公式与海曾-威廉公式均是半经验公式，达西公式在计算时需要考虑水流流态，而海曾-威廉公式只考虑壁面粗糙度对沿程水头损失的影响，因而当压力管道中存在热交换时，壁面摩擦阻力会发生变化，选择达西公式更准确。达西公式与海曾-威廉公式计算压力管道沿程水头损失绝对误差如图 2-25 所示，由图可见，水头损失计算误差随管道直径变大而减小，管道直径越小，不同公式的计算误差越大，因此对于直径较小的压力管道，要特别注意公式的选择。

表 2-9　海曾-威廉公式计算管道沿程水头损失

管道直径/m	沿程水头损失/m		
	流量 (2.4m³/s)	流量 (2.8m³/s)	流量 (3.2m³/s)
0.8	0.6095	0.8109	1.0384
0.9	0.3434	0.4569	0.5851
1.0	0.2056	0.2735	0.3502
1.1	0.1292	0.1719	0.2202
1.2	0.0846	0.1125	0.1441

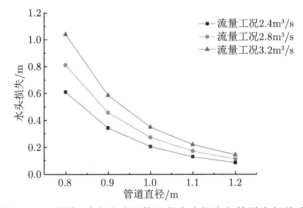

图 2-24　海曾-威廉公式计算沿程水头损失与管道直径关系

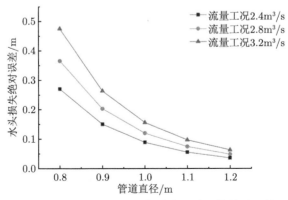

图 2-25　达西公式与海曾-威廉公式计算绝对误差

运用数值方法研究压力管道沿程水头损失与管道直径变化关系，分别建立直径为 0.8m、0.9 m、1.0m、1.1m、1.2m 的引水建筑物模型，采用数值方法计算额定流量 $Q_额 = 2.8\text{m}^3/\text{s}$ 时的总水头损失，数值计算结果如表 2-10 所示。

表 2-10   数值计算额定流量工况下不同管道直径总水头损失

管道直径/m	渠道流速/(m/s)	管道流速/(m/s)	压力管道出口压强/Pa	总水头损失/m
0.8	0.224	5.573	176730	0.8032
0.9	0.224	4.403	183703	0.7265
1.0	0.224	3.566	187604	0.6788
1.1	0.224	2.947	189914	0.6582
1.2	0.224	2.478	191376	0.6455

由表 2-10 可见，总水头损失随着压力管道直径的增加而减小。理论上，压力管道直径越大，总水头损失越小，但考虑工程建设经济性，压力管道直径并不是越大越合理，可以从能量损失角度研究压力管道总水头损失与管道直径之间的关系。由于压力管道总水头损失主要为沿程水头损失，局部水头损失并不是很大，为了方便公式推导，暂不考虑局部水头损失的影响，圆形断面水力半径为

$$R = \frac{D}{4} \tag{2.11}$$

断面流速为

$$v = \frac{4}{\pi} \frac{Q}{D^2} \tag{2.12}$$

代入式 (2.4) 可得

$$h_f = 10.29 L n^2 Q^2 \frac{1}{D^{16/3}} \tag{2.13}$$

式 (2.13) 表明压力管道水头损失与管道直径呈非线性关系。对于待求解的压力管道而言，管道直径 L、压力管道壁面粗糙系数 n、压力管道额定流量 Q 都是给定常量，综合这三个常量，可得到一个压力管道水头损失与直径相关的影响系数 K

$$K = 10.29 L n^2 Q^2 \tag{2.14}$$

引入参数 K 后，式 (2.13) 可表示为

$$h_f = K \frac{1}{D^{16/3}} \approx K \frac{1}{D^{5.33}} \tag{2.15}$$

由公式 (2.15) 可知，压力管道水头损失与管道直径的 5.33 次方成反比。

农村水电站的压力管道的壁面粗糙系数 n 可根据表 2-11 中的管道种类选取。

表 2-11 管道的壁面粗糙系数 n 值表

管道种类	n
缸瓦管 (带釉)	0.013
混凝土和钢筋混凝土管	0.014
石棉水泥管	0.012
铸铁管	0.013
钢管	0.012
玻璃钢管	0.0084

2.5.2 减少压力管道水头损失的技术措施

通过压力管道水头损失的计算分析，提出减小压力管道水头损失的措施主要有：

(1) 在当地经济条件满足一定要求的前提下，可以考虑适当增加压力管道渐变段长度，从而减小水头损失同时降低水流紊流强度。数值模拟计算表明渐变段长度每增加 20%，水头损失可降低约 14%。

(2) 在其他因素无法改变的情况下，可以考虑增大压力管道的直径达到降低水头损失的目的，计算结果表明直径每增加 10%，其水头损失可降低约 14%，效果明显。但是增加压力管道直径会增大工程造价，所以在设计及改造水电站时，可从成本与效益两方面综合判断选择减小水头损失应采取的措施。

2.6 农村小水电拦污栅水头损失及降损措施

2.6.1 拦污栅水头损失

拦污栅的水头损失主要由两部分组成：一部分是固有水头损失，即水流在通过拦污栅时，栅条对水流有局部的阻碍作用，产生局部水头损失，这是不可避免的，影响固有水头损失的因素主要有栅条密度及断面几何形状、过栅水流的雷诺数、进口前断面的流速分布等；另一部分是附加水头损失，产生的原因是由于拦污栅拦截的污物堵塞部分栅孔的过流面积，或因水体的腐蚀作用而导致拦污栅栅体发生锈蚀，使拦污栅原有的过流面积减小，加大了对水流的阻碍作用，致使过栅局部水头损失增加。

本节主要针对拦污栅断面型式、锈蚀、堵塞率等影响因素，研究其与拦污栅水头损失的关系。

根据开司其曼公式，拦污栅水头损失公式为

$$h_1 = kh_0 \tag{2.16}$$

$$h_0 = \zeta \frac{v^2}{2g} \tag{2.17}$$

$$\xi = U(W/a)^{4/3} \sin \alpha \tag{2.18}$$

式中：h_1 为过栅水头损失，m；h_0 为计算水头损失，m；g 为重力加速度，取 9.81m/s^2；k 为系数，拦污栅受污物堵塞后，水头损失增大的倍数，一般取 $k=3$；v 为过栅流速，m/s；$\sin \alpha$ 为经验系数，α 一般为水流水平流向与拦污栅布置之间的角度；W 为栅条厚度，m；a 为栅条净距，m。

当拦污栅栅条形状、栅条厚度、栅条净距确定之后，$B = U(W/a)^{4/3}$ 是一个常数，式 (2.18) 可表示为

$$\xi = B \sin \alpha \tag{2.19}$$

当 α 为 0°、15°、30°、45°、60°、75°、90° 时，水头损失系数如表 2-12 所示。

表 2-12   不同拦污栅倾角的水头损失系数

α	0°	15°	30°	45°	60°	75°	90°
水头损失系数	0	0.295B	0.5B	0.707B	0.866B	0.966B	B

由以上分析可知，拦污栅水头损失系数随拦污栅倾角增大而增大，当拦污栅与水平面倾角为 90° 时，水头损失系数最大，因此拦污栅不宜垂直布置。当拦污栅垂直布置时，不仅水头损失较大，而且附着于拦污栅上面的污物对拦污栅作用力也很大，不利于清污，因而拦污栅布置时应设置一定角度。拦污栅倾角越小，拦污栅长度越大，且支墩结构也越大，从减小水头损失角度出发，拦污栅倾角越小越好，从减少工程量出发，拦污栅倾角越大越好，由于工程建造是一次性的，而水头损失是长期的，综合二者考虑及查阅资料可知，通常当水深小于 1.5m 时，倾角选择 45° 即可，当水深大于 1.5m 时，倾角可选择 60° 左右。

拦污栅局部水头损失与栅条断面形状有直接关系，现运行的水电站中一般都采用平面拦污栅，而平面拦污栅按截面形式分类又可分为圆形截面、矩形截面、正方形截面拦污栅。水力设计中计算拦污栅的水头损失时，总认为其与水流来流流速密切相关，而与拦污栅截面形式之间的关系考虑较少，造成拦污栅的水头损失偏大或偏小，可能导致拦污栅不能正常运行，如阻水压力过大会导致栅条的断裂，污物随着水流流向发电机组，从而影响机组的运行，严重者导致机组减荷或被迫停机。因此正确计算拦污栅的水头损失，分析拦污栅截面形式对其影响是工程实践中急需解决的问题之一。

为研究拦污栅断面型式对水头损失的影响，在调研水电站之一的凤凰窠水电站拦污栅的基础上分别改变其栅条断面型式，采用 ANSYS CFX 流体软件计算了拦污栅不同截面形式对其水头损失的影响，并得出了有益结论。

1. 拦污栅数值仿真模拟计算域的确定

某水电站是由挡水堰坝、进水口、输水隧洞、引水明渠、渡槽、拦污栅、引水前池、发电厂房等组成的引水式水电站，其引水明渠与进水口处均布置了截面形式为圆形的平面拦污栅，其中引水明渠中的拦污栅的高度为 1m，宽度为 2.3m，拦污栅的截面形式为圆形，栅条间的间隙净宽为 100mm，栅条圆形截面直径为 20mm。

本次的拦污栅数值模拟以此为蓝本进行建模分析，为使栅后流速得到充分发展，并综合考虑柱杆在流场中大涡模拟方法、涡激振动、展向长度效应等因素，结合拦污栅实际尺寸，最终确定整个流场计算域长度为 10m，拦污栅设置在长度方向上距起始位置 2.5m 处，如图 2-26 所示。

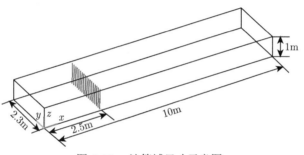

图 2-26 计算域尺寸示意图

为了进一步研究拦污栅的不同截面形式对水头损失的影响，建模时考虑了三种不同截面形式的拦污栅模型。图 2-27(a) 为圆形截面栅条，图 2-27(b) 为正方形截面栅条，图 2-27(c) 为矩形截面栅条。拦污栅栅条间的间隙净宽为 100mm，圆形栅条截面直径为 20mm，正方形截面栅条的截面边长为 20mm，矩形截面栅条的截面长 40mm、宽 20mm。三种截面形式的拦污栅流场计算域尺寸相同。

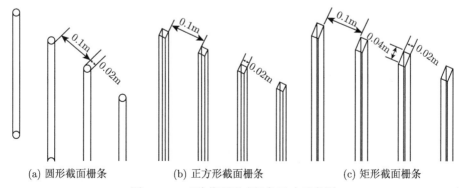

(a) 圆形截面栅条　　　　(b) 正方形截面栅条　　　　(c) 矩形截面栅条

图 2-27 三种截面形式栅条尺寸示意图

2. 网格划分及边界条件设置

整个流场计算域采用结构化六面体网格划分方法。在网格划分之前，需大致预估整个流场，对于远场和水流流动较均匀的区域，网格划分可相对稀疏；在近场、流动比较复杂的区域以及需要着重关注的区域，网格划分可相对密集。整个流场计算域网格划分效果如图 2-28(a) 所示，为精确捕捉水流自由液面，将自由液面上下两侧的网格加密，见图 2-28(b)，同时在拦污栅栅条附近处进行网格加密，如图 2-28(c) 所示，计算域网格总单元数为 472 万。

边界条件设置如图 2-28(a) 所示，进口边界为水进口面的矩形面，为速度进口，入流流速为 2m/s，方向垂直于入口边界。出口边界为水出口面的矩形面，为压力出口，其平均静态压强为 $1.01×10^5$Pa。拦污栅表面、整个流场计算域的两边壁面及底面均设定为绝热无滑移边界，空气进口面、空气出口面及整个流场域的上表面设定为开放边界，其平均静态压强为 $1.01×10^5$Pa，选用 k-ε 湍流模型，采用二阶迎风差分格式离散。残差类别设定为均方根，收敛残差值设定为 $1.0×10^{-4}$。

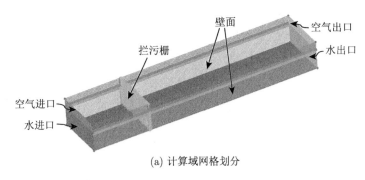

(a) 计算域网格划分

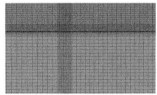
(b) 自由液面处网格加密

(c) 栅条附近处网格加密

图 2-28　计算域及局部区域网格划分 (彩图请扫封底二维码)

3. 水头损失及流态分析

为计算水流流经拦污栅后产生的局部水头损失，在拦污栅前后截取两个过水断面，根据式 (2.20) 计算得到两过水断面间的水头损失。

$$Z_1 + \frac{P_1}{\rho g} + \alpha \frac{v_1^2}{2g} = Z_2 + \frac{P_2}{\rho g} + \alpha \frac{v_2^2}{2g} + h_w \qquad (2.20)$$

式中：Z_1、Z_2 分别为过水断面 1、2 处的平均高程；P_1、P_2 分别为过水断面 1、2 的平均压强；v_1、v_2 分别为过水断面 1、2 处的平均速度；α 为修正系数，取为 1；h_w 为过水断面 1、2 间的水头损失。

设定过水断面 1、2 的位置分别为拦污栅上游 1.5m 和下游 5.5m 处，由于这两个断面的平均高程为同一高程，故式 (2.20) 可简化为

$$h_w = \frac{P_1 - P_2}{\rho g} + \frac{v_1^2 - v_2^2}{2g} \tag{2.21}$$

分别提取过水断面 1、2 处的平均流速与平均压强，通过式 (2.21) 计算得到三种不同截面形式拦污栅的两断面间的水头损失如表 2-13 所示。

表 2-13　三种截面形式拦污栅水头损失计算结果

截面形式	过水断面	流速/(m/s)	流速水头/m	压强/Pa	压强水头/m	总水头/m	水头损失 $\Delta h_{1\text{-}2}$/m
圆形	1	1.5079	0.1159	3032.55	0.3091	0.4250	0.0350
	2	1.8050	0.1660	2199.92	0.2243	0.3903	
正方形	1	1.4680	0.1098	3156.65	0.3218	0.4316	0.0956
	2	2.0026	0.2044	1290.80	0.1316	0.3360	
矩形	1	1.5223	0.1181	3087.72	0.3148	0.4329	0.0390
	2	1.9287	0.1896	2004.62	0.2043	0.3939	

从表中可看出，圆形截面拦污栅的水头损失最小，矩形截面拦污栅次之，且两者相差 0.004m，差距较小，正方形截面拦污栅的水头损失最大，为 0.0956m。由于水流在流过拦污栅之前并不受拦污栅的影响且来流条件保持一致，故三种截面形式拦污栅在过水断面 1 处的流速基本相同。当水流流过拦污栅时，由于圆形截面拦污栅结构没有较大转折角，水流流过栅条时过渡平缓，故其水头损失最小；矩形截面拦污栅的矩形截面由于在沿着水流方向的长度大于垂直于水流方向的宽度，因而水流可以沿着长度方向有较长的距离来发展其流态，减缓了水流流态突变程度，故其水头损失也较小；正方形截面拦污栅的正方形截面由于其长度与宽度相等，栅后没有足够的距离发展其水流流态，因而引起水流较强的紊乱，所以其水头损失最大。

对整个计算域在拦污栅高度方向上距拦污栅底面 0.5m 处截取纵截面，提取三种不同截面形式拦污栅在该截面上的流速分布云图，如图 2-29 所示。由图可知，当水流在流过拦污栅之前未受到栅条影响时，其在渠道内大致为均匀流动，验证了三种截面形式拦污栅在过水断面 1 处的流速基本相同的情况；当水流流至拦污栅栅条附近时，过水断面因拦污栅的阻碍发生变化，导致流速分布发生变化，形成一定的流速梯度，其中圆形截面栅条附近处的流速梯度最小，水流不均匀分布

范围也较小，如图 2-29(a) 所示；正方形截面栅条附近处的流速梯度最大，分布最不均匀，如图 2-29(b) 所示；矩形截面拦污栅栅条附近流速不均匀，范围也较大，但是流速梯度很小，过渡平缓，如图 2-29(c) 所示。在水流流过拦污栅栅条后，水流以集中射流的方式进入下游区域，垂直水流流向栅条两侧的流速高于栅条附近其他位置处的流速，且栅条周围正后方的流速接近于零，随着水流离拦污栅越来越远，栅后的流速逐渐变大，直至恢复到与拦污栅上游相同的均匀流动。

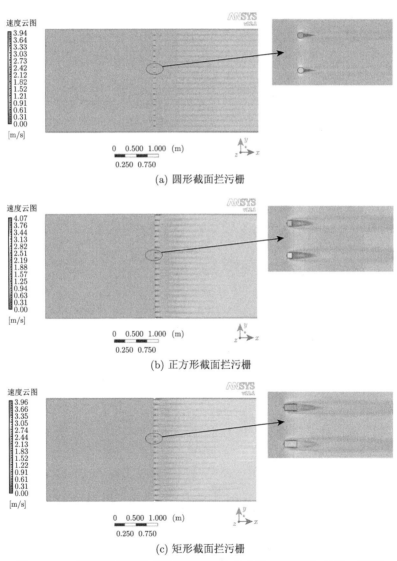

(a) 圆形截面拦污栅

(b) 正方形截面拦污栅

(c) 矩形截面拦污栅

图 2-29　三种不同截面形式拦污栅流速分布云图 (彩图请扫封底二维码)

图 2-30 为三种不同截面形式拦污栅在栅条附近处的水流速度分布流线图,由图可知,当水流流至拦污栅栅条处时,受栅条束窄作用的影响,水流运动方向发生改变,水流流线发生弯曲;水流流过栅条之后,形成突扩水流,并产生水流旋涡,其中圆形截面栅条附近处产生的旋涡区域最小,矩形截面栅条次之,正方形截面栅条附近处产生的旋涡区域最大。水流流过栅条之后,水流速度流线逐渐趋于平缓,最终恢复成与拦污栅上游水流未受栅条影响时相近的流态。

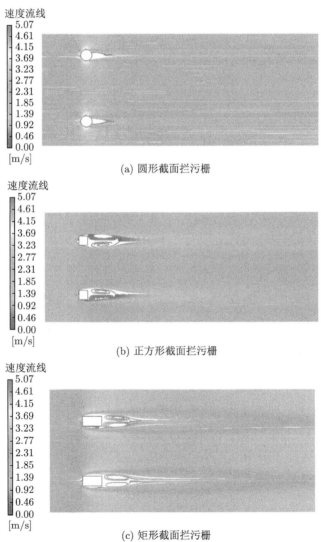

(a) 圆形截面拦污栅

(b) 正方形截面拦污栅

(c) 矩形截面拦污栅

图 2-30 三种不同截面形式拦污栅在栅条附近处的水流速度分布流线图
(彩图请扫封底二维码)

　　根据拦污栅水头损失计算公式分别对三种不同截面形式的拦污栅进行水头损失计算，所得结果与数值模拟结果进行对比，如表 2-14 所示。

　　由表 2-14 可得，三种不同截面形式拦污栅水头损失经验公式计算结果与数值计算结果误差均在 15% 之内，圆形栅条拦污栅水头损失最小，正方形栅条拦污栅水头损失最大。可以认为数值计算结果基本合理可信，结果表明在水电站拦污栅实际设计中，其栅条截面形式应尽量设计成圆形，可最大限度减小拦污栅的局部水头损失。

表 2-14　经验公式与数值计算水头损失结果

截面形式	经验公式计算结果/m	数值计算结果/m	误差/%
圆形	0.0307	0.0350	14.0
正方形	0.1121	0.0956	14.7
矩形	0.0414	0.0390	5.8

　　拦污栅在运行一段时间后，会发生锈蚀及堵塞现象，拦污栅锈蚀会导致过水断面面积减小，增加水头损失；而拦污栅堵塞不仅会加大水头损失，减小进水口流量，而且会使栅条受压变形或压断，机组减荷或被迫停机，因此对于运行很久的拦污栅，发现栅条锈蚀严重，要及时更换拦污栅栅条，发现堵塞严重时，要及时进行清污。

　　拦污栅锈蚀及堵塞都会造成过水断面减小，因而其对水头损失的影响可概化为拦污栅开孔率对水头损失的影响，拦污栅开孔率是指拦污栅净过水断面面积与拦污栅总面积的比值。

　　考虑拦污栅开孔率对水头损失的影响，拦污栅水头损失影响系数布尔可夫公式可简化为

$$\alpha = 0.063\frac{1}{K_o^2} + 1.2\left(\frac{1}{K_o} - 1\right)^2 \tag{2.22}$$

式中：K_o 为拦污栅开孔率。

　　不同拦污栅开孔率水头损失计算结果如表 2-15 所示。

表 2-15　拦污栅开孔率与水头损失系数关系

K_o	50%	55%	60%	65%	70%	75%	80%
α	1.452	1.011	0.708	0.497	0.348	0.245	0.173

　　由表 2-15 中数据可见，当开孔率由 80% 减小到 50% 时，拦污栅水头损失扩大 8.4 倍，开孔率减小是由于锈蚀和堵塞共同作用，因此当发现水电站拦污栅栅条堵塞或锈蚀严重时，应该及时给予清理污物或者更换拦污栅，减小水头损失的同时保证发电机组的安全和经济运行。

2.6.2 新型拦污栅设计及效能验证

对比分析表明，栅条截面过渡越平缓，其流动越稳定且水头损失越小，故在圆形截面栅条的基础上设计了一种以翼型 NACA0015 为截面的拦污栅。数值模拟结果表明，翼型截面拦污栅的水头损失更小，流动更稳定。

图 2-31 所示为 NACA0015 翼型栅条拦污栅整体结构图，图 2-32 为竖栅条沿着水流方向的横截面图。该新型拦污栅特征主要在于：包括处于最外围呈矩形的边框，横隔板、竖栅条相互垂直地固定安装在边框上。其中竖栅条穿设在横隔板中，且相邻竖栅条之间的过水断面面积沿水流方向逐渐增大。竖栅条的横截面设为沿水流方向的前端呈尖角型、后端呈圆滑状的 NACA0015 翼型截面，且该翼型截面为对称结构。竖栅条间隔均匀地穿设在横隔板中，横隔板在边框内同样间隔均匀。横隔板布设有与竖栅条横截面相匹配的孔洞，孔洞与竖栅条数量相同，横隔板、竖栅条两端均焊接固定在边框上，边框为不锈钢材质。

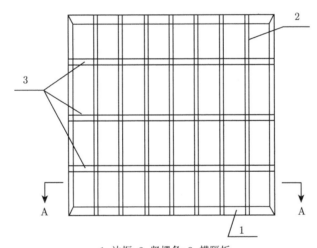

1. 边框; 2. 竖栅条; 3. 横隔板

图 2-31 NACA0015 翼型栅条拦污栅整体结构图

图 2-32 竖栅条沿着水流方向的横截面图

为分析验证水流流过新型 NACA0015 翼型栅条拦污栅时所产生的水头损失及水流流态，对其进行 CFD 数值仿真计算，同时为了与前面三种不同截面形式栅条拦污栅的水头损失及水流流态形成对比，拦污栅整体尺寸保持一致，即栅条之间间距依然为 100mm，高度 1m，宽度 2.3m，整体计算域同样保持一致，参见图 2-26。

对整个流场域采用结构化六面体网格划分，如图 2-33 所示，且在流动复杂的栅条处进行网格加密，如图 2-34 所示，整体计算域网格总单元数 423 万。边界条件设置：进口边界为水进口面的矩形面，为速度进口，入流流速为 2m/s，方向垂直于入口边界；出口边界为水出口面的矩形面，为压力出口，其平均静态压强为 1.01×10^5Pa；拦污栅表面、整个流场计算域的两边壁面及底面均设定为绝热无滑移边界，空气进口面、空气出口面及整个流场域的上表面设定为开放边界，其平均静态压强为 1.01×10^5Pa，选用 k-ε 湍流模型，采用二阶迎风差分格式离散。残差类别设定为均方根，收敛残差值设定为 1.0×10^{-4}。

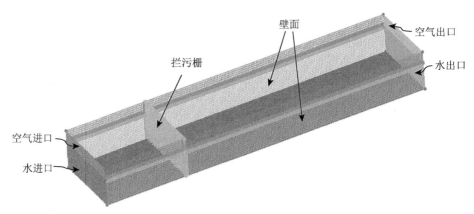

图 2-33   NACA0015 翼型拦污栅计算域网格划分 (彩图请扫封底二维码)

图 2-34   栅条附近处网格加密

根据拦污栅水头损失计算公式 (2.21)，取断面 1、2 的流速及压强，且设定过水断面 1、2 的位置同样分别为拦污栅上游 1.5m 和下游 5.5m 处，分别提取两断面的流速及压强如表 2-16 所示。

表 2-16   新型拦污栅水头损失计算结果

过水断面	流速/(m/s)	流速水头/m	压强/Pa	压强水头/m	总水头/m	水头损失/m
1	1.6023	0.1309	3034	0.3093	0.4402	0.007
2	2.1004	0.2256	2037	0.2076	0.4332	

从表中可看出，过水断面 1 的流速与压强跟前面原始结构的拦污栅基本保持一致，因为在拦污栅之前来流不受栅条的影响，故当来流条件一致时，其过水断面 1 的流速与压强不会因为栅条截面形式的变化而变化。而所产生的水头损失值主要受拦污栅后的过水断面 2 水头的影响，而产生的水头损失也是很小，与 2.6.1 节计算的三种截面形式拦污栅中的圆形截面拦污栅水头损失 0.0350m 相比减小了 80%，同时也验证了之前的结论，栅条的截面形式过渡越平缓，产生的水头损失越小。

为了更直观地观察水流流过该新型拦污栅时的流态变化，在拦污栅高度方向上距拦污栅底面 0.5m 处截取纵截面，分别提取其在该截面上的流速分布云图及流线图如图 2-35、图 2-36 所示。

从图 2-35 可以看出，整个流场域内流速变化很小，从进口到出口流速基本维持在一个稳定值内，没有大的波动，其中变化比较明显的地方位于两根栅条之间，由于过水断面的突然减小，所以流速变大，但是通过栅条之后，流速缓慢过渡且维持在进口流速 2m/s 左右，之后一直维持一个恒定流速做均匀流动，整个流动过程中，流速过渡平缓，没有剧烈的紊动，所以产生的水头损失微乎其微。

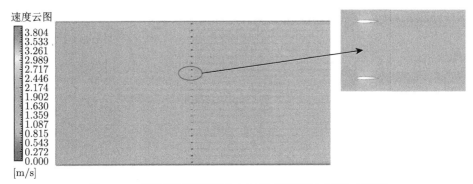

图 2-35   新型拦污栅流速分布云图 (彩图请扫封底二维码)

从图 2-36 可以看出，整个流场域流线基本平行，看不到任何旋涡，且与传统的三种截面形式拦污栅相比，在栅条附近处，水流流动没有任何的紊乱及旋涡，而传统拦污栅在栅条附近处水流运动方向会发生改变，流线会发生弯曲。所以从流线图可以更直观地看出水流运动方向及流速分布变化都很均匀，无大的波动，故损失的能量也很小。

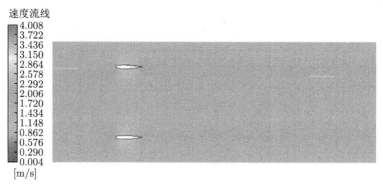

图 2-36　新型拦污栅水流速度流线图 (彩图请扫封底二维码)

　　通过对新型拦污栅的水头损失计算及流态分析可知，新型拦污栅产生的水头损失很小，且速度云图及速度流线图证明了水头损失小的原因就是水流过渡平缓，流线无大的转折。采用沿水流方向的前端呈尖角型、后端呈圆滑状的翼型截面栅条，使得过水断面沿水流方向逐渐扩大，同时减少各种漂浮物的攀挂，利于清污。翼型截面栅条有利于增大断面过水率，降低栅前栅后的水位差，增大了水电站发电效率。

2.6.3　减少拦污栅水头损失的措施

　　通过对拦污栅水头损失计算分析，提出以下减小拦污栅水头损失的措施：

　　(1) 栅条截面形式应尽量设计成圆形，可有效减小拦污栅的局部水头损失。若条件允许，采用 NACA0015 翼型截面可以最大限度地减小水头损失及水流紊动强度。

　　(2) 当水电站拦污栅栅条堵塞或锈蚀严重时，应该及时清理污物或者更换拦污栅，减小水头损失的同时保证发电机组的安全和经济运行。

第 3 章　农村小水电水工建筑物破损修复技术

受到自然及各种影响因素作用，农村小水电随着运行年限的增加，建筑物逐渐老化并出现破损。若不及时采取有效的修复加固措施，不仅会造成水能资源的浪费，影响电站发电效益，而且建筑物存在的大面积破损将会直接威胁到电站周边地区人民的生命财产安全。所以，对小水电建筑物的破损修复迫在眉睫。但是，由于小水电运行环境复杂，建筑物破损形式多样，当对小水电这样特殊的水利工程进行破损修复时，不能照搬大型水电站中使用的修复技术，应针对不同的破损类型，分析其破损形成的原因，并在此基础上进行有针对性的修复加固。

本章首先对农村小水电水工建筑物破损类型进行统计分析，并剖析不同破损类型的成因，在此基础上结合不同破损类型提出适用的破损修复技术，实现农村小水电建筑物的高效修复，达到降低农村小水电水能损失，增加电站发电效率的目标。

3.1　农村小水电建筑物破损类型及成因分析

为保障农村小水电工程安全稳定运行，提高农村水能资源的利用效率，针对目前农村老旧电站存在的泄洪设施破损、挡水和引水设施失修、压力管道老化锈蚀等问题，对江浙沪地区近百座电站进行了现场实地调研，总结了农村水电站混凝土结构、浆砌石结构等多种结构型式建筑物常见的破损类型，并分析了建筑物破损形成的原因。其中，混凝土结构建筑物常见的破损类型有：混凝土收缩引起的开裂、混凝土碳化引起的剥蚀、钢筋锈蚀引起的混凝土开裂、碱–骨料化学反应引起的开裂、变形缝止水结构失效引起的渗漏、泥沙冲蚀引起的破损，以及严寒地区的冻融破坏等；浆砌石结构建筑物常见的破损类型有：勾缝冲刷脱落、渠道冻胀开裂，以及基础不均匀沉陷等造成的浆砌石渠道渗漏现象等；其他结构型式建筑物常见的破损类型有：土坝护坡的冲刷破坏、土渠的坍塌型破坏、钢结构的锈蚀破坏、混凝土压力管道出现的蜂窝麻面、缺边掉角、沙眼漏水、渗水潮湿、开裂、剥落以及保护层空鼓等破损现象。

3.1.1　混凝土结构常见破损类型及成因

在农村水电站运行过程中，水工混凝土建筑物常见的破损形式主要有裂缝、渗漏和剥蚀三大类。裂缝对混凝土建筑物的危害很大，影响建筑物的耐久性，危及建筑物的安全运行；渗漏亦是常见的混凝土缺陷，建筑物中一般有裂缝、架空，或是分缝止水设施及浇筑的质量存在问题，都有可能导致混凝土建筑物渗漏；剥蚀包括冲磨空蚀、钢筋锈蚀、冻融剥蚀和水质剥蚀等，其存在原因很多，有原材料选用不当、混凝土配合比未得到严格控制、现场施工控制不严格、浇筑质量差、造成浇筑后混凝土强度低，保护层不够，混凝土抗渗抗冻标号未能达到设计要求，水质的侵蚀影响未能充分考虑等。根据现场调研情况，对小水电工程混凝土建筑物的这三种常见破损进行成因分析。

1. 裂缝

混凝土产生裂缝的原因复杂，可分为外力荷载因素引起的裂缝和非荷载因素引起的裂缝两大类。

1) 外力荷载因素引起的裂缝

水工混凝土结构在外力荷载作用下，产生弯矩、剪力、轴向拉压力以及扭矩等内力，引起混凝土构件的开裂。不同性质的内力所引起的裂缝，其形态不同。外力荷载引起的裂缝主要有正截面裂缝和斜裂缝。由弯矩、轴心拉力、偏心拉（压）力等引起的裂缝，称为正截面裂缝或垂直裂缝；由剪力或扭矩引起的与构件轴线斜交的裂缝称为斜裂缝。

2) 非荷载因素引起的裂缝

钢筋混凝土结构构件除了由外力荷载引起的裂缝外，很多非荷载因素，如温度变化、混凝土收缩、混凝土碳化、钢筋锈蚀、基础不均匀沉降、塑性坍落、冰冻以及碱-骨料化学反应等都有可能引起裂缝。

A. 温度变化引起的裂缝

结构构件随着温度的变化而产生变形。当冷缩变形受到约束时，就会产生温度应力（拉应力），温度应力大于混凝土抗拉强度就会产生裂缝。减小温度应力的实用方法是尽可能地减弱约束，允许其自由变形。在建筑物中设置伸缩缝就是减小温度应力的典型应用。

大体积混凝土开裂的主要原因之一是温度应力。混凝土在浇筑凝结硬化过程中会产生大量的水化热，导致混凝土温度上升，如果内外温差较大就会产生温度应力，加之混凝土在硬化初期抗拉强度低，容易导致结构开裂。防止这类裂缝的措施通常有采用低热水泥和在块体内部埋置块石以减少水化热，掺用优质掺合料以降低水泥用量，预冷骨料及拌用水以降低混凝土入仓温度，预埋冷却水管通水冷却，合理分层分块浇筑混凝土，加强隔热保温养护等。

B. 混凝土收缩引起的裂缝

混凝土在结硬过程中体积缩小产生收缩变形。混凝土的收缩变形随着时间而增长，初期收缩变形发展较快，两周可完成全部收缩量的 25%，一个月可完成约

50%，三个月后增长缓慢，一般两年后趋于稳定。如果构件能自由伸缩，则混凝土的收缩只是引起构件的缩短而不会导致收缩裂缝。但实际上结构构件都不同程度地受到边界约束作用，对于这些受到约束而不能自由伸缩的构件，混凝土的收缩就可能导致裂缝的产生。在配筋率很高的构件中，即使边界没有约束，混凝土的收缩也会受到钢筋的制约而产生拉应力，也有可能引起构件产生局部裂缝。此外，新老混凝土的界面上很容易产生收缩裂缝。

C. 混凝土碳化引起的裂缝

混凝土中的可溶性氢氧化钙与二氧化碳化合形成碳酸钙，体积减小而引起收缩。碳化收缩是在很长时间内逐渐形成的，且仅限在混凝土的表层，并随时间而逐渐向内发展。碳化层产生的碳化收缩，使混凝土表面产生拉应力，如果拉应力超过混凝土的抗拉强度，则会产生微细裂缝。当碳化深度超过钢筋的保护层时，钢筋不但易发生锈蚀还会因此引起体积膨胀，使混凝土保护层开裂或剥落，进而又加速混凝土进一步碳化和钢筋的继续锈蚀，使混凝土结构承载力下降，如图 3-1 所示，某水电站渡槽底部混凝土由于碳化而导致混凝土大面积剥蚀脱落，此现象为小水电混凝土结构建筑物剥蚀破坏的典型案例。

图 3-1 某水电站渡槽底部混凝土碳化剥蚀现象

D. 钢筋锈蚀引起的裂缝

当环境中有腐蚀性介质时，其有可能渗入混凝土，到达钢筋表面，发生电化学反应，从而锈蚀钢筋。当存在氯化物时，氯离子起到了催化作用而会加快这种腐蚀。严重的是，反应后氯化物并未因此而消耗掉，还将继续促进这种导致钢筋锈蚀的反应。因此少量的氯化物即可快速、长久地影响钢筋的锈蚀，直至完全腐蚀。钢筋锈蚀后体积膨胀，往往胀裂混凝土的保护层而形成锈胀裂缝。图 3-2 是某水电站渡槽底部由于混凝土保护层未达到规范要求，所以运行过程中出现大面积钢筋锈蚀现象，钢筋锈蚀引起的膨胀进而导致混凝土开裂，甚至脱落。

图 3-2　某水电站渡槽底部混凝土开裂现象

E. 基础不均匀沉降引起的裂缝

当水工建筑物基础发生不均匀沉降时，结构相当于产生了支座移位。此时，对于超静定的混凝土结构而言，会产生附加约束内力。如果把结构整体看成是一个放置于地基上的长条形构件不均匀沉降所引起的裂缝，相当于结构在弯矩-剪力作用下产生的受力裂缝。

F. 冰冻引起的裂缝

混凝土结构中的水分在低温下凝固成冰，从而引起混凝土体积的膨胀，使得整个结构承受不均匀冻胀变形，最终可能产生沿着孔道方向的纵向裂缝。

G. 碱-骨料化学反应引起的裂缝

碱-骨料化学反应是指混凝土孔隙中水泥的碱性溶液与活性骨料化学反应生成碱-硅酸凝胶，碱-硅酸凝胶遇水后可产生膨胀，使混凝土胀裂。开始时在混凝土表面形成不规则的鸡爪形细小裂缝，然后由表向里发展，裂缝中充满白色沉淀。图3-3为某水电站引水渠道由于混凝土中的碱-骨料化学反应引起的局部开裂现象。

图 3-3　某水电站引水渠道混凝土开裂现象

2. 渗漏

农村水电站所处自然环境恶劣,地处偏远,管理维护困难。因此,老化病害发生时间早,发展速度快,渗漏是其老化病害最常见的表现形式之一。

1) 渗漏的类型

渗漏是水工混凝土建筑物老化病害的一种表观现象,设计不合理、选用材料不恰当、施工质量控制差、运行管理不善或使用条件(包括外部条件)改变、遭受意外荷载破坏作用、自身材料老化等,引发的贯穿性裂缝或连通蜂窝孔隙及孔洞等深层缺损,在水头压力作用下即表现为渗漏。图 3-4 为某水电站压力前池因运行管理不善以及自身材料老化等原因引发的渗漏现象。按照渗漏水的形式可以把渗漏分为点渗漏、缝渗漏、面渗漏。

图 3-4　某水电站压力前池渗漏现象

2) 成因分析

点渗漏和面渗漏一般情况下是由混凝土及施工质量差造成的,如生产混凝土所用原材料不合格,搅拌不充分,骨料离析,浇筑振捣不到位、不密实或漏振,早期养护不到位,遭受冻害,塑性收缩等使混凝土结构疏松、不密实、抗渗标号低,致使混凝土结构内部形成相互连通的蜂窝孔隙,从而导致零散或集中渗漏或大面积散渗发生。对于零散分布的渗漏,其渗漏途径可能是相通的。

缝渗漏最为常见、发生率最高,缝渗漏又可分为病害裂缝渗漏和变形缝渗漏。混凝土裂缝和变形缝止水结构失效是缝渗漏的主要成因。但是,多数缝渗漏不是由单个因素造成的,而是多方面因素联合作用的结果。因此,缝渗漏的修补处理也比较复杂。根据渗漏水的快慢,渗漏又可分为慢渗、快渗、漏水和射流。渗漏水量、静水压力、渗径长短和渗水流速等决定着堵漏方法、堵漏材料、施工机具和工艺参数的选择。

3) 剥蚀

剥蚀是对水工混凝土结构物外观表面混凝土发生麻面、露石、起皮、松软和剥落等老化病害的统称。究其原因是环境因素 (包括水、气、温度及可溶和不溶性介质) 与混凝土表面及其内部的水泥水化产物、沙石骨料、掺合料、外加剂、钢筋之间，产生一系列机械的、物理的、化学的复杂作用，从而形成大于混凝土抵抗能力 (强度) 的破坏应力所致。根据不同的破坏机理，可将剥蚀分为冻融剥蚀、冲磨和空蚀、钢筋锈蚀、水质侵蚀、风化剥蚀以及碱–骨料化学反应破坏等。我国农村小水电水工建筑物发生剥蚀破坏的主要类型有冻融剥蚀、冲磨和空蚀以及混凝土中钢筋的锈蚀等。

A. 冻融剥蚀破坏

混凝土是由水泥砂浆和粗骨料组成的含毛细孔复合材料。为了获得浇筑混凝土所必要的和易性，混凝土中加入的拌和水总要多于水泥所需的水化水。这部分多余水便以游离水的形式滞留于混凝土中，形成占有一定体积的连通的毛细孔，这些连通的毛细孔就是导致混凝土遭受冻害的主要原因。如果混凝土的含水量小于饱和含水量的 91.7%，那么当混凝土受冻时，毛细孔水的结冰膨胀可被非含水孔体吸收、不会形成损伤混凝土微观结构的膨胀压。因此，饱水状态是混凝土发生冻融剥蚀破坏的必要条件之一。另一必要条件是外界气温的正负变化，能使混凝土孔隙中的水发生反复冻融循环。这两个必要条件决定了冻融破坏是从混凝土表面开始的层层剥蚀破坏。冻融对水工混凝土结构破坏作用的大小取决于混凝土的抗冻性、饱水程度、混凝土所处环境的最低气温、冻融速率、最大冻深和年冻融循环次数等因素。

B. 冲磨和空蚀破坏

冲磨和空蚀均发生在水工建筑物泄流部位混凝土表面，而且冲磨破坏往往诱发空蚀，但冲磨破坏与空蚀破坏的机理却完全不同。冲磨破坏又可细分为推移质冲力磨损破坏和悬移质冲磨破坏。

a. 冲磨破坏

携带泥、沙、石的高速水流对混凝土表面的冲磨破坏是一种单纯的机械作用破坏。高速水流携带的悬移质在移动过程中触及建筑物过流面时的作用，表现为磨损、切削和冲撞。如图 3-5 所示某电站引水渠道的混凝土底板，在泥沙长期的冲磨作用下表面发生混凝土块脱落现象，这是小水电工程中渠道底板发生破损的典型案例。原型观测发现，悬移质对混凝土的冲磨破坏，在初期的一段时间内表现为从表面开始的均匀磨损剥离。随着磨损剥离程度的增加，由于混凝土 (砂浆) 的非均质性，过流表面会出现凹凸不平的磨损坑。这时水流就会受到扰动，在过流表面形成各种类型的旋涡流，这些旋涡流的强度随着流速的增大而加剧。水流条件的恶化会加速冲磨破坏的进程，而磨蚀坑加深又会进一步恶化水流条件，形成恶性循环。这时破坏作用已不再是单纯的冲磨破坏，随着旋涡的出现便产生了空蚀破坏。室内试验和原型观测结果表明，含悬移质的高速水流对泄水建筑物过流表面冲磨破坏作用的大小，与水流速度、形态，悬移质含量、悬移质颗粒粒径、形状和硬度以及混凝土的抗冲磨强度等因素有关。

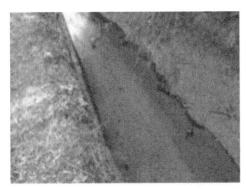

图 3-5　某电站引水渠道底板冲磨破坏现象

推移质对泄水建筑物过流面的破坏作用机理与悬移质不完全相同。在高速水流的作用下，推移质以滑动、滚动及跳动等方式在过流面上运动，除了滑动摩擦作用外，还有冲撞砸击作用。在我国西南地区河流，汛期洪水携带推移质的最大粒径达到 1m 以上，平均粒径为 6～40cm。这些推移质带有很大动能，冲撞砸击混凝土表面，形成很高的局部应力，当这种应力超过混凝土的内聚力时，就发生局部破坏。加上滑动磨损和水流的淘刷，携带推移质的高速水流对过流边壁、表面的破坏力很强。推移质冲磨破坏作用的大小，决定于水流速度、流态、推移质的数量、粒径及其运动方式。

b. 空蚀破坏

当高速水流流过泄水建筑物的体型变化或表面不平整处时，通常会产生涡流与壁面分离的现象，造成局部压强降低，在水流中形成大量的充满水蒸气和空气的空泡 (一般成为空穴)，这些空穴被水流携带到高水压区，受到周围水体的压缩就会溃灭，瞬间产生相当大的冲击力。如果空穴溃灭靠近建筑物过流表面，则表面会受到很大的冲击力。当冲击力引发的局部应力大于混凝土的内聚力时，过流面混凝土就会发生剥蚀破坏，亦即空蚀破坏。造成水流空化和建筑物空蚀的原因主要是过流面水的流速过高和压强过低。试验表明，空蚀强度与水流流速的 5～7 次方成正比。另外，泄水建筑物表面的不平整也是形成空化和空蚀的重要条件。

C. 混凝土中的钢筋锈蚀破坏

混凝土中的钢筋锈蚀将会导致建筑物表层的混凝土剥蚀脱落，特别是在小水电这样特殊的水利工程中，由于建设时期的设计理论不够完善，设计假定不精确，对水文、气象及地震强度等情况缺乏深入调查，致使设计混凝土保护层厚度及配筋尺寸偏小，一旦混凝土中的钢筋暴露于潮湿环境中，钢筋的锈蚀将直接造成混凝土保护层剥落，如图 3-6 所示，某水电站渡槽底部的混凝土就由于钢筋锈蚀而引发剥蚀。

图 3-6　某水电站渡槽钢筋锈蚀引起的表层混凝土剥蚀

　　钢筋混凝土结构的钢筋锈蚀破坏过程，在宏观上可以分为潜伏期、发展期、加速期和破坏期四个阶段。潜伏期由混凝土硬化开始，持续到钢筋钝化膜被破坏为止。在潜伏期内，碳化由混凝土表面逐渐向内部发展，最终碳化深度超过混凝土保护层，到达钢筋表面；或者是 Cl^- 由混凝土表面向内部渗透，在钢筋周围聚集并达到临界值。潜伏期的长短取决于混凝土的质量和保护层厚度、所处环境中酸性介质或 Cl^- 的浓度、环境温度以及干湿循环频数等。如果混凝土在浇筑时的 Cl^- 含量已达到临界值，则潜伏期不复存在。从钝化膜被破坏后，钢筋开始锈蚀，直到锈蚀产物膨胀使混凝土保护层产生顺筋裂缝为止，称为发展期。氧气透过混凝土保护层的扩散系数、混凝土的湿度和电阻率，决定着钢筋锈蚀速度和发展期长短。混凝土保护层开裂后，钢筋锈蚀进入加速期。在加速期内，顺筋裂缝将加速钢筋锈蚀，继而钢筋保护层出现大片剥离和崩落现象。此时钢筋锈蚀继续加速发展，进入破坏期。钢筋的截面积减小，抗拉强度和极限延伸率明显降低，从而降低结构的承载能力和稳定性，危及结构物的安全。钢筋混凝土结构的设计使用寿命，应小于或等于潜伏期、发展期和加速期之和。

3.1.2　浆砌石结构常见破损类型及成因

　　在农村小水电工程建设中，浆砌石常用于建设渠道以及部分挡水结构。其中，浆砌石渠道是农村水电站枢纽中最为常见的输水、泄水建筑物。在浙江省的小水电工程枢纽的输水、泄水建筑物中，浆砌石结构的渠道占 71.71%，高于其他结构型式的渠道。因此，研究浆砌石渠道的破损修复技术很有必要。

1. 浆砌石渠道常见的破损类型及其成因

建于山区中的浆砌石渠道一般都是顺势挖沟而建,具有走势不规则、弯道多的特点,渠道内侧会有杂草、青苔附着于表面,外侧植被也比较茂盛,增加了后期维护管理的困难。图 3-7、图 3-8 所示为实地调研时发现的浆砌石引水渠道底板,以及渠道两侧被植被严重覆盖,无人清理的现象。

图 3-7 某电站引水明渠底板被植被覆盖现象

图 3-8 某水电站引水明渠两侧杂草丛生现象

据当地村民反映,夏季靠近农田的渠段发生渗漏,导致渠道两侧的农田出现局部内涝的现象,而且地边的沟坎中会有渗水流出,这直接导致农田种植面积减少,影响农民庄稼收成。浆砌石渠道的破坏一般表现为浆砌石勾缝冲刷脱落、渠道冻胀开裂、夯填渠段边坡渗漏,以及局部地段严重积水等。主要原因有渠道水流的冲刷、基础不均匀沉陷和冻胀破坏等。

1) 水流冲刷引起的裂缝渗漏现象

由于各方面条件的限制,所以渠道自身结构设计和施工质量存在问题。例如,砌筑砂浆标号低、坐浆不饱满、砂浆插捣不密实、勾缝技术达不到标准质量要求、养护不到位等,直接导致建成后的砌体稳定性、抗冻性、耐磨性、防渗性能以及抗盐、碱腐蚀性较差。在后期运行阶段,渠道受到水流冲蚀、磨损,以及碎沙、碎石的撞击,引起勾缝脱落,进而导致砌石损坏、脱落、鼓胀现象的发生。若不及时采取修复措施,渠水将会沿施工接缝、止水缝、伸缩缝以及脱落的勾缝等向外渗漏,某水电站引水渠道由于勾缝脱落,所以渠段多处出现渠水渗漏 (图 3-9)。此外,若是填方渠段,渠道渗水将会带走填土中的黏性细颗粒物,形成渗流通道,最终发生坍塌等安全事故。

图 3-9　某水电站引水渠道多处出现渗漏现象

2) 基础不均匀沉陷引起的渗漏现象

沉陷变形问题多存在于填方渠段。影响因素较多,主要成因有两大类,一类是夯填土干密度、最优含水量等不满足设计要求、结构不密实等;另一类是渠道渗水带走填土中的黏性细颗粒物,形成渗流通道,继而塌陷造成渠道沉陷变形等。基础不均匀沉陷引起的渗漏现象主要表现为浆砌石结构表面起伏较大,浆砌石渠道表面凹凸不平。某水电站浆砌石引水渠道由于结构不密实等,所以渠道基础发生不均匀沉降,出现大面积的积水现象 (图 3-10)。

图 3-10　某水电站浆砌石引水渠道基础不均匀沉降现象

3) 冻胀破坏引起的渗漏现象

渠道所经地区季节性冻土发育，冬季随着气温的降低，渠道边坡土中的水因冰冻而产生胀力顶裂或顶起浆砌石块，从而产生冻胀破坏。冻胀破坏是浆砌石结构普遍存在的工程地质问题。浆砌石梯形明渠的冻胀破坏尤为突出，主要表现为渠坡浆砌石冻胀鼓起，部分渠段渠坡浆砌石鼓胀塌陷，有 30%～50% 的勾缝混凝土脱落。过水痕迹以下砌石绝大部分勾缝混凝土松动，底板和渠坡裂缝发育，底板鼓起破坏严重。另外，施工质量也是影响渠道冻胀破坏的因素之一，同样的渠基，施工质量好 (如渠基基础坚硬密实，基面清理干净，勾缝密实)，满足设计要求的渠段冻胀轻微或无冻胀破坏，而施工质量差的渠段则有冻胀现象。

4) 其他因素引起的渗漏现象

对于浆砌石渠道，除渠水冲刷、渠基不均匀沉陷和冻胀等主要问题外，渠道自身施工质量问题和后期维护管理不善，也会使渠道老化破损，造成安全隐患，如图 3-11 所示某水电站引水渠道两旁的人工通道，由于施工质量未达到规范标准，运行后出现浆砌石块塌落的现象，并且渠道由于缺乏规范的维护管理，导致破损渠道年久失修，存在较大的安全隐患。

图 3-11 某水电站浆砌石引水渠道两管的人工通道破损现象

2. 浆砌石挡水建筑物常见的破损类型及其成因

小水电工程多处于交通不便的山区，挡水建筑物的建造材料多以就地取材为主。相比于混凝土结构的挡水建筑物，浆砌石结构的建造在小水电挡水工程中更为方便快捷。所以，研究浆砌石挡水建筑物的破损修复技术同样也是农村小水电必须解决的关键问题。

农村小水电工程浆砌石挡水建筑物的破损情况主要表现有两类：一是勾缝混凝土松动，进而引起的建筑物渗水现象；二是基础的不均匀沉陷，引起沉陷裂缝，最终也将造成建筑物的渗水。

1) 浆砌石挡水建筑物勾缝脱落的原因

浆砌石挡水建筑物勾缝脱落是一种较为普遍的现象,小水电站在建设时期,各方面条件的限制,导致施工质量未达到规范标准,砂浆插捣不密实、勾缝技术达不到标准质量要求、养护不到位等。后期运行时,挡水建筑物受到水流冲刷,以及碎沙、碎石的撞击,会引起混凝土勾缝脱落,进而导致建筑物渗水。如不及时进行修复,由于渗流作用,会冲走裂缝附近的砂浆,加快勾缝的脱落,使缝口显著扩宽,甚至可能产生贯通整个建筑物的贯穿性裂缝,行成射流,最终导致建筑物破坏、坍塌。

2) 基础不均匀沉陷变形的原因

浆砌石挡水建筑物修建时要求地基处岩石较完整、坚硬。如果修建时,基础中存在的软弱夹层,风化严重的破碎带或较易压缩的黏土岩类,未全部清除或未作妥善处理,挡水建筑物建成后,在自身自重等荷载作用下,会产生不均匀沉陷,进而引起建筑物的沉陷裂缝。另外,当地基遭受冲刷或漏水造成局部掏空时,也可能引起建筑物产生不均匀沉陷缝。或是基础附近发生地震、爆破以及进行地下深部采掘等均会使地表产生变形进而导致建筑物发生渗水。

3.1.3　其他结构常见破损类型及其成因

1. 土坝常见的破损类型及其成因

在农村小水电工程中,虽然土坝的使用频率没有浆砌石坝高,但是在一些地理位置偏僻、缺乏石材的地区,由于环境条件的限制或者其他的施工原因,这些地区不宜修建浆砌石坝,这时候土坝就成了很好的建设方案。

土坝对地质条件要求较低,可就地取材,需要的水泥、钢材、木料少,施工方法选择的灵活性也大,既能用人工填筑,也可机械化施工,寿命较长,管理简便,加高扩建也较容易。由于以上这些优点,土坝成为某些农村小水电工程挡水建筑物的优选方案。

同其他类型的坝体一样,在运行过程中土坝也会发生开裂、渗漏等破坏现象。造成土坝坝体开裂、渗漏的原因主要有以下几点:

(1) 筑坝质量差。如铺土过厚,碾压不实,或分期分块填筑的结合面少压漏压。特别是当分层填筑斜墙、心墙时,层面结合不密实会引起坝体渗漏。

(2) 坝体尺寸单薄或土料透水性大,均会引起散浸。

(3) 反滤层质量差,未按反滤原理铺设或土石混合坝未设反滤过渡段,常引起管涌塌坑。使斜墙、心墙遭受破坏。

(4) 坝后反滤排水体高度不够,或由于下游水位过高,洪水淤泥倒灌使反滤层被淤堵。浸润线逸出点抬高,在下游坡面形成大面积散浸。

(5) 坝下涵洞 (管) 外壁与土体结合回填不密实, 涵洞未做截流环, 引起沿管壁的集中渗漏, 或涵管断裂造成坝体渗流破坏导致坝面塌坑等。

(6) 生物洞穴, 如白蚁、獾、鼠、蛇等动物在坝身打洞、营巢或坝体土料中含有树根、杂草腐烂后在坝身内形成空隙, 常常造成坝体集中渗漏。

(7) 坝体不均匀沉陷引起的横向裂缝、心墙的水平裂缝等, 也是造成坝体集中渗漏的原因。

2. 土渠的破损类型及其成因

土渠的防渗效果比浆砌石渠道差, 但是土渠的建造相对于浆砌石渠道来说更为方便快捷, 而且成本也比较低。因此, 在一些水资源丰富, 经济相对比较落后的地区, 输水建筑物常常采用土渠。由于土壤其自身特殊的膨胀性、多裂隙性和超固结性, 在渠道开挖后极易产生变形破坏。小水电工程位于复杂的山区环境中, 坡脚软化引起的坍滑型破坏是最常发生的破损现象。这是因为土体力学强度在没有围压的情况下随含水量升高而急剧下降, 因此, 土边坡在坡脚遇水软化极易产生坍滑型破坏, 图 3-12 所示某水电站土渠由于坡脚长期处于浸泡状态, 最终引发土渠的坍滑型破坏。这类破坏没有明显的滑面, 边界不规则。坡脚首先因浸泡而丧失强度, 然后其后部土体因失去支撑而产生拉裂下挫。

图 3-12 某水电站土渠坍滑型破坏

造成土渠破坏的主要原因是, 土体长期裸露于地表环境, 发生干湿循环、地表水浸泡、开挖卸荷和降水入渗或地表水 (包括渠水) 入渗, 入渗水不但可以软化结构面、引起结构面端部应力集中, 还可以在后缘拉裂面直接产生静水推力。

3. 钢结构的破损类型及其成因

在农村水电站工程中, 钢结构也是必不可少的一部分。一般来说, 水轮机进水口处都是通过钢管连接, 引水渠道上设置的闸门也属于钢结构。在农村山区复杂的自然环境中, 钢材会由于设计施工过程中操作不当, 外界环境的侵蚀等, 造成结构外形的损伤。图 3-13 所示的压力钢管漏水现象，是调研中发现的小水电钢结构最为典型的破损现象。

图 3-13　水电站压力钢管漏水及水轮机导水机构漏水照片

4. 钢筋混凝土压力管道的破损类型及其成因

压力管道是农村小水电工程中输水建筑物的重要组成部分。它将水从水库前池或调压室中在有压条件下引入水轮机或其他设备，以满足发电供水需求。在农村小水电工程中，钢筋混凝土结构的压力管道作为输水建筑物更为常见，这是因为相比于压力钢管，钢筋混凝土管道使用寿命长、投资少、收效快。农村小水电一般位于交通不便的山区，制作管道可以就地取材，在附近找到丰富的天然沙石材料，很适宜在现场自制。

钢筋混凝土管道经常需要承受较大的内水压力，而且暴露在外部环境中容易受到雨水的冲磨、腐蚀以及温度变化的影响，所以，管道常会出现蜂窝麻面、缺边掉角、沙眼漏水、渗水潮湿、开裂、剥落以及保护层空鼓等破损现象，图 3-14所示为某水电站钢筋混凝土管道由于长期暴露在外部环境中，表面出现的蜂窝麻面，以及表层混凝土剥落和保护层空鼓现象。

 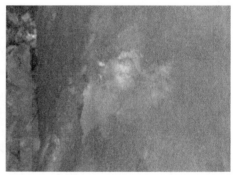

图 3-14　某水电站钢筋混凝土管道破损现象

3.2 农村小水电一般水工建筑物破损修复技术

由于水利工程建筑物所处的运行环境比较特殊，部分建筑物需要长期处于水下运行，所以在受到各种外界因素的影响下会产生破损，威胁到水工建筑物自身的安全。一般来说，对于出现破损的水工建筑物通常可以采取以下治理技术：

(1) 更新混凝土。对于水工建筑物出现病害的部位要全面将其凿除，对疏松表面进行清除，用喷砂对其进行喷洗后再将主模板架上，在破损界面将砂浆喷上后，再进行新混凝土浇筑。为了使新混凝土与破损界面紧密结合，可以在混凝土里加入膨胀剂或者铝粉、膨胀水泥等外加剂。这样可以使新混凝土产生膨胀，有利于新混凝土和破损界面的良好结合。

(2) 修复混凝土表面缺陷。如果水工建筑物表面出现裂缝或剥落，可以先将疏松部分清除，再将新混凝土填补上去。如果需要修复的表面积比较大，厚度也比较深，则可以进行钢筋网的埋设，然后进行新混凝土的浇筑工作。

(3) 实施表面涂层。如果水工建筑物的病害比较轻，深度也比较浅，又或者因为其他的原因，不能够将表面混凝土凿出来，那么，可以使用表面涂层的方法，将有机硅、橡胶涂料、环氧树脂漆等喷涂在混凝土表面上，进而将混凝土表面强度增加。

(4) 裂缝修补。当建筑物所产生的裂缝比较宽或比较深时，首先要将裂缝凿出新茬，然后实施化学灌浆或无机灌浆，还可以利用环氧树脂、聚硫化合物、橡胶沥青、沥青等对建筑物实施灌浆修补。

但是，水工建筑物结构型式复杂，出现的破损形式也各式各样，对于不同结构型式表现出的不同破损形式应当采取更有针对性的修复技术，这样才能更加快速、有效地对建筑物破损进行修复加固。

3.3 农村小水电水工建筑物破损修复实用技术

3.3.1 混凝土结构常见破损修复技术

1. 混凝土裂缝的破损修复技术

混凝土裂缝的修复技术有填充法、灌浆法、表面覆盖法、局部加固法、喷涂法等，对不同原因造成的裂缝应进行有针对性的处理。考虑到小水电工程的特殊性，修复技术应尽量满足工程造价低、施工工艺简单的要求。因此，对小水电工程水工混凝土裂缝的修复推荐以下三种技术。

1) 表面覆盖法

该修补方法适用于混凝土仅有微裂缝但影响抗冲耐蚀的破坏。该修复方法通过对表面进行简单处理后直接采用水泥砂浆或聚合物砂浆涂抹，以提高结构耐久性和防水性。现场施工时，首先通过钢丝刷对混凝土表面进行清除附着物和凿毛处理，然后用清水冲洗干燥后，即可采用修补材料涂刷混凝土表面，形成新的混凝土保护层。该修复方法简单易行，修复效果良好，但一般不能用于内部裂缝的处理。

2) 局部加固法

该修补方法适用于结构局部开裂破坏严重，但整体结构完好的材料修补。现场施工时，在剔除破损部位的混凝土后，宜采用比原混凝土强度高一级的细石混凝土进行填补并仔细捣实。该修补方法能较好地处理局部破坏的问题，但可能影响衬砌结构承载力，对材料力学性能要求严格。

3) 喷涂法

该修复方法适用于开裂破坏面积较大且深度较浅的迎水面修复。该方法首先需进行细致的表面处理，然后通过在表面喷射水泥砂浆，形成一层致密且强度高的新防护层。该法具有经济实用、便利快捷的优点。

2. 混凝土渗漏的破损修复技术

对于水工混凝土建筑物的点渗漏、线渗漏和面渗漏，需采用不同的处理方法。

1) 点渗漏的处理

(1) 直接堵漏法。当水压不大 (小于 1m 水头)、漏水孔较小时可用此法。先将漏水孔凿毛，并把孔壁凿成与混凝土表面接近垂直的形状，不能剔成上大下小的楔形槽。用水冲净槽壁，随即将快凝止水灰浆捻成与槽直径相近的圆锥体，待灰浆开始凝固时，迅速用力堵塞于槽内，并向孔壁四周挤压使灰浆与孔壁紧密结合，封住漏水。外面再涂抹防水砂浆保护层 (防水水泥砂浆、环氧砂浆、内乳砂浆等)。

(2) 下管堵漏法。适用于水压较大 (1~4m 水头) 且漏水孔洞较大的情况。首先清除漏水孔壁松动的混凝土，凿成适于下管的孔洞 (深度视漏水情况而定)。然后将塑料管或胶管插入孔中，使水顺管导出。用快凝灰浆把管子的四周紧密封闭，待凝固后，拔出导水管，按直接堵漏法把孔洞封死。

(3) 木楔堵塞法。适用于水压大 (大于 4m 水头) 且漏水孔洞大的情况。先把漏水处凿成孔洞，再将一根比孔洞深度短的铁管插入孔中，使水顺管子排出。用快凝灰浆封堵铁管四周。待快凝灰浆凝固后，将一根外径和铁管内径相当且裹有棉丝的木楔打入铁管，将水堵住。最后用防水砂浆层覆盖保护。

2) 线渗漏的处理

(1) 涂刷防水涂膜。适用于微细裂缝 (一般缝宽小于 0.2mm)，裂缝稀疏时沿裂缝涂刷，稠密时宜全面涂刷。涂刷方法有刷涂、喷涂、辊涂和刮涂四种。根据裂缝宽度变化的大小、环境条件及耐久性要求等，可分别选用无机类、合成树脂类、橡胶类、橡胶沥青类防水涂料。这些涂料都已商品化生产，每类涂料都有相应的技术标准和施工技术规定。

(2) 涂抹砂浆防渗层。根据裂缝的稀疏和稠密，可分为沿裂缝定向局部涂抹和大面积涂抹两种。

(3) 粘贴或锚固高分子防水片材。用胶黏剂把高分子防水片材粘贴在混凝土表面或用锚固件把高分子防水片材锚固在混凝土表面，达到封闭裂缝防渗堵漏的目的。橡胶防水片材主要有氯丁橡胶片材、氯化丁基橡胶片材、三元乙丙橡胶防水片材、氯磺化聚乙烯橡胶防水片材等。塑料类防水片材主要有氯化聚乙烯、聚氯乙烯、聚乙烯等防水片材。粘贴 (锚固) 高分子防水片材既可用于处理裂缝渗漏，也可用于大面积防渗处理。

3) 面渗漏的处理

(1) 表面涂抹覆盖。表面覆盖法以防渗、耐久性及美观等为目的，选用合适的修补材料把渗水混凝土表面覆盖封闭起来。所选表面覆盖修补材料对施工环境的适应性的好坏、能否与混凝土面有足够的黏结强度，以及在所处的环境条件下耐久性的好坏，是修补处理成败的关键。常用的修补材料有：各种有机或无机防水涂膜材料、水泥防水砂浆、钢丝网喷浆、聚合物水泥砂浆、环氧玻璃钢等。

(2) 浇筑混凝土或钢筋混凝土护面。适用于大面积散渗情况的修补处理 (由混凝土内部密实性差或裂缝发育引起)。同时还可起到补强加固作用。如闸、坝等挡水建筑物的迎水面、闸底板、铺盖等的防渗加固，隧洞涵管等输水建筑物或某些水下建筑的背水面内衬加固。

(3) 灌浆处理。适用于因混凝土含浆量不足、搅拌不均匀、离析、漏振或冬季浇筑混凝土时出现冰冻引起的结构物混凝土密实性差的渗漏处理。灌浆材料可选用水泥或化学灌浆材料，视具体工程情况而定。

(4) 钢筋混凝土护面。将发生渗漏裂缝结构物表面的老混凝土凿至一定深度或对老混凝土表面做适当处理后，浇筑新的钢筋混凝土护面。钢筋混凝土护面在防渗漏的同时，还能补强加固受损混凝土结构，而且在多数情况下以补强加固为主。补强加固要求取决于钢筋混凝土护面的厚度和配筋。

3. 混凝土剥蚀的破损修复技术

对于农村小水电水工混凝土建筑物的剥蚀破坏，无论选用何种修补处理措施，都要对已经发生剥蚀破坏区域的混凝土进行 "凿旧补新" 修补，即清除受到剥蚀作用损伤的老混凝土，浇筑回填能满足特定耐久性要求的修补材料。

(1) 清除损伤的老混凝土。必须彻底清除受到剥蚀作用损伤的疏松混凝土，以保证修补材料能与完好混凝土基面获得良好结合。

(2) 修补体与老混凝土结合面的处理。对老混凝土基面的处理，包括去掉表面松动混凝土或骨料，用水洗净表面的浮渣和粉尘，使基面洁净无油污。

(3) 修补材料的浇筑回填。浇筑回填修补材料宜分层施工,且在上一层修补材料浇筑完成后尚未初凝或完全固化前接着浇筑下一层。如果在层与层之间的施工中出现了延误,则应将层面凿毛。恢复施工时,还要涂刷或铺设新的黏结层。砂浆类修补材料每一层的厚度一般为 1~2cm。混凝土类修补材料每一层的厚度以能充分振捣密实为宜。

(4) 养护。除了在环境气温骤降情况下需要采取保温措施外,一般完成修补后在固化期通常不需要任何的养护措施。水泥基修补材料强度增长较慢,需要加强早期的潮湿养护,以防止修补体和结合面黏结层在尚未能获得足够的抗力之前遭受损害或早期发育不良。

4. 水下混凝土的破损修复技术

用于混凝土缺陷的修复材料有许多,但其中的大部分均只适用于干燥环境。小水电工程中混凝土缺陷经常会在水下出现,这些缺陷的修复往往不可能形成旱地施工的条件,这就需要适用于水下施工的混凝土缺陷修复材料以及与这些材料相配合的施工技术。就目前来说,可用于水下修复的材料有:水下不分散混凝土、聚合物混凝土、水下快速密封材料、水下化学灌浆材料等。

对于不同的混凝土缺陷,其处理方法各有不同,一般来说,主要有以下几个步骤:

(1) 水下检查。水下处理前应对混凝土缺陷进行详细的水下检查,以确定混凝土的破坏情况,为制订处理方案提供依据。

(2) 制订方案。根据水下检查的情况,确定不同的处理方案。一般而言,对于混凝土蜂窝、孔洞、冲坑等缺陷可采取在原混凝土表面浇注聚合物混凝土的办法;对于裂缝等缺陷则可采取灌浆、嵌填塑性止水材料等;对于混凝土表面的渗漏情况则可采取在原混凝土表面粘贴防渗模块的办法。

(3) 表面清理。首先利用液压设备对混凝土缺陷进行全面的表面清理,以保证新、老混凝土之间的良好黏结,对水下部位的表面清理包括:清除碎屑、沉积物以及水生物等。然后凿除表面松动混凝土,并对混凝土表面进行打磨。表面准备和修复工作之间的时间间隔要短,最好在修复工作开始前的短期内进行混凝土表面的冲洗。

(4) 浇注。混凝土裂缝处理时,可采用切 V 形槽,涂刷塑性止水材料、粘贴盖片等进行表面封闭,也可采用埋设灌浆管、表面封堵、化学灌浆等工艺进行处理。当对立面的混凝土缺陷要作薄层修补处理时,可沿着处理的部位(凿槽或不凿槽可根据实际情况而定)安装有边框的模板,和基面的间隙为 3cm 左右。模板可用木板或塑料板做成,并涂有脱膜剂或塑料布。将模板固定在混凝土基面后,将配制好的聚合物砂浆倒入模板内。如果处理的垂直裂缝很长,可以分段(如 1~2m)

立模浇注。

(5) 封边保护。浇注结束后，首先将防渗模板粘贴于修复处的基面上，再用水下封缝胶泥对防渗模板各边进行封边，并确保封边密实。

3.3.2 浆砌石结构常见破损修复技术

1. 浆砌石渠道的破损修复技术

对于农村水电站浆砌石渠道的破损，若采用大型水电站浆砌石渠道修复方案进行施工，会存在工作量大、费用高、施工难度大、工艺复杂、工期长等问题。因此，对农村水电站浆砌石渠道的破损进行修复，一般采用既方便快捷、经济实用，又能满足安全稳定运行基本要求的修复工艺。

对不影响渠道整体稳定性和防渗效果的小型裂缝，为达到施工方便、经济的目的，一般采用直接涂抹水泥砂浆的方式进行修补。如果开裂处位于水下，则可采用快凝水泥砂浆进行涂抹，或做一个小型的围堰，然后对开裂处涂抹单组分手刮聚脲柔性防护材料，这种材料施工快捷、高效，涂层固化速度快，强度增长快，施工后一天就可以拆除围堰投入使用。如果渠道的破损影响渠道整体稳定性和防渗效果，那就必须进行结构和基础加固处理。

对渠底起伏较大，排水不畅，渠底板凹凸不平，大面积积水的渠段，需要进行原浆砌石拆除，然后更换新的浆砌石块；对基础面松散不够坚实，衬砌结构易产生变形的湿陷性土层进行翻夯和灰土垫层处理，加强防渗衬砌，并铺设砂砾石垫层。基面夯实和加固后，砌筑块石要满足原设计的安全运行要求。一般来说，浆砌石结构的破损在不影响农村水电站整体安全运行的条件下，考虑到工程环境交通不方便、经济条件有限的情况，对破损部位进行基本处理，更换新浆砌石块后，就可以继续运行使用。

2. 浆砌石挡水建筑物的破损修复技术

浆砌石坝挡水建筑物的勾缝脱落，或是不均匀裂缝的产生破坏了建筑物的整体稳定性，降低了建筑物的结构强度，贯穿建筑物的裂缝还会产生渗漏，严重威胁挡水建筑物的安全。因此，必须根据裂缝的规模和部位，采取相应的措施进行处理，以增强建筑物的整体性，达到修复加固的目的。浆砌石挡水建筑物采用的破损修复措施主要有以下三种。

(1) 填塞封闭裂缝。该方法简单易行，适用于缝不太深且不再继续开裂的一般表层浅缝，或建筑物砌筑石料质量好但砌筑质量差的灰缝。修复时，可沿缝凿槽深 5cm，宽 2～3cm，然后将缝内松动的原砂浆体冲洗干净，使之露出砌石面，再用高标号水泥砂浆填塞压实，表面抹光，一并做成凸缝，以增加耐久性。对内部裂缝空隙则用水灰比适度的砂浆充填密实。注意水灰比不能过大，否则砂浆在干缩后，可能产生新的裂缝。处理应在冬季进行，尤其是温度裂缝更应是这样，填塞后能局部恢复建筑物的整体性，提高抗渗能力。

(2) 表面黏补。此方法适用于处理不影响建筑物结构和受力条件的裂缝，如温度裂缝等。它是在裂缝的上游面用环氧浆液粘贴橡皮、玻璃丝布或塑料布等，以防止沿裂缝渗漏并适应裂缝的变化。但表面黏补不能恢复建筑物的整体性和提高强度，只能作应急处理。

(3) 细石混凝土填塞。此法适用于建筑物地基基础的砌体灰缝漏水。小型挡水建筑物的浆砌石砌体由于用毛条石安砌、石料相互间的接触面凹凸不平、灰缝的砂浆不饱满，造成建筑物底部严重漏水，且漏水灰缝埋于淤积物下。如采用灌浆处理，经济效益相对较低，此时可以采用细石混凝土填塞法处理。施工作业时，首先放空库水，开挖淤泥层，露出基脚，同时排出积水。待漏水灰缝外露后，将漏水部位基石凿出新鲜面，新建条石体与原基脚相隔 20cm，宽 40cm，高出漏水部位 10cm，然后在基脚与新砌条石间 30cm 的空隙内填入细石混凝土。

3.3.3　其他结构常见破损修复技术

1. 土坝的破损修复技术

农村小水电工程中土坝渗漏的修复一般采用黏土斜墙法进行，该方法行之有效、经济且易于掌握。黏土斜墙采用黏土、黏壤土作防渗材料，在原坝上游面分层填筑，人工夯压成斜墙。截堵渗流、防止坝体渗漏。

施工时要求放空库水露出坝踵，斜墙的起始高程最好是从坝基开始，才能保证施工质量和稳定要求。另外，对下部基础和两岸及原坝应进行清理，需将坝前基础和两端岸坡淤泥、松软土层清除，同时将上游坝坡的护坡拆除，清除坝体表层含水量过大的部分软土或草皮。处理前如上游坝体已发生大面积塌坑，还需对漏水坑口进行清理。把临时抢险填塞的料物和稀泥及塌陷部位全部挖出，一般开挖范围为 6~12 倍的洞口尺寸或塌陷外径。斜墙坝应挖透保护层，均质坝则应挖到密实度满足要求的部位，再进行回填夯实，并注意与原坝体接合良好。

2. 土渠的破损修复技术

大型土渠采用的土工膜防渗修复技术，造价高、施工工艺复杂，不适用于小水电土渠的破损修复。为了满足修复工艺简单、经济实用的原则，对土渠坍塌型破坏的修复通常采用换填处理。换填材料一般采用回填强度较大的砂、石或灰土等。换填后，可有效提高土渠坡脚强度，并且可以限制浅表土体的反复胀缩作用，防止外部水渗入土体裂隙，是防止坍滑型破坏发生的有效措施。另外，换填材料成本低，可就地取材，施工方便快捷，施工后也不会对土渠周围环境造成污染，既达到修复加固的目的，又保护了山区生态环境。

3. 钢结构的破损修复技术

钢结构修复加固工程是一项复杂的工程，钢结构加固要考虑的因素较多，钢结构加固的方法应从施工简便、经济合理、不影响正常生产、加固效果能够达到预期目标等方面考虑。压力钢管是小水电工程中重要的组成部分，它衔接着电站进水口和水轮机涡壳或球阀，起着将水由进水口引进涡壳或球阀，进而推动水轮机转动的作用。针对农村小水电工程中压力钢管经常暴露在外部环境，容易受到雨水的冲磨和腐蚀这一特点，这里介绍一种快速 FRP (fiber reinforced polymer)加固钢结构的技术。

FRP 是纤维增强复合材料的统称。它的比强度 (拉伸强度/密度) 为钢材的 $20\sim50$ 倍，性能突出。因此，FRP 材料可大大减轻结构自重。此外，FRP 材料还具有良好的抗腐蚀性能，可以在酸、碱、盐和潮湿环境下抵抗化学腐蚀。所以，FRP 材料非常适合在一些小水电工程中代替或部分代替传统建筑结构材料。除了 FRP 材料固有的特点外，对农村小水电这样特殊的工程，快速 FRP 加固技术还具有以下几个优点：① 养护时间短，可以大大减少加固过程对结构正常使用的干扰 (比如选择在枯水期进行养护)；② 施工方便，免去液态黏结剂的现场使用，实现无湿作业，加固初期不需要额外的装置对 FRP 材料进行固定；③ 完成养护后的薄膜胶和 FRP 板的玻璃态转化温度较高，对需在较高温度下工作的结构有利 (比如夏天阳光直射下的压力钢管)；④ 与钢材表面黏结性能良好，在加温养护的前期，FRP 预浸板和薄膜胶会部分熔化，在真空负压力辅助下，可以使两者之间以及与钢材表面之间充分结合，减少使用过程中剥离破坏的可能性；⑤ 相比于刚性 FRP 板，采用的材料均为柔性且裁剪方便，适用于加固具有不规则几何形状的构件；⑥ 各层 FRP 预浸板之间可以直接叠合，不需要额外的黏结剂，为多层 FRP 预浸板的加固应用带来很大的便利；⑦ 升温养护可以提高黏结剂的强度，特别是对其长期强度的提高非常明显。

不同加固方法优缺点对比列于表 3-1。

表 3-1 几种常用加固方法与 FRP 加固法的对比

项目	加大截面法	黏钢加固法	FRP 加固法
对原构件影响	较明显增大结构自重和结构尺寸，需钻孔	略增加结构自重和结构尺寸，需钻孔	基本不增加结构自重和结构尺寸，不会损伤原结构
施工条件	需机械辅助，施工空间大，对环境影响大，施工时间长	需机械辅助，施工空间大，对环境影响小，施工时间较长	手工作业，施工便利，对环境影响小，施工时间短
耐久性	新增钢筋易锈蚀，耐久性较差	钢板易腐蚀，耐久性较差	耐久性好，可耐酸碱盐等腐蚀
适用范围	仅适用于简单结构类型加固	仅适用于简单结构类型加固	用面广，可适用于各种结构类型、各种形状的加固
后期维护	存在钢筋腐蚀防护问题	钢板易腐蚀，需定期防腐处理	几乎不需要维护

4. 钢筋混凝土压力管道的破损修复技术

对于钢筋混凝土压力管道的破损，目前常用水泥砂浆和环氧砂浆进行修补。

1) 水泥砂浆修补

水泥砂浆适用于修补蜂窝麻面、缺角掉边及保护层空鼓、剥落等缺陷。为了使修补处的水泥砂浆具有足够的强度和防止钢丝发生电化学腐蚀，使用的水泥应与制管所用水泥品种相同，标号不应低于 425 号，无受潮结块现象，砂料要使用洁净的中砂。水泥与砂的质量比为 1∶2，水灰比约为 0.35，砂浆标号可达 300 号以上。按照配合比将水泥砂浆拌和均匀，拌和时可适当增减水量使拌和成的水泥砂浆成干稠状态，即所拌成的砂浆能够手抓成团，落地散开。这样干稠的水泥砂浆，供修补时使用。当用水泥砂浆修补蜂窝麻面、缺角掉边时，先将待修补部位的疏松混凝土凿掉，用钢丝刷刷毛，再用压力水冲洗干净。修补保护层时，应将空鼓部分敲掉，在待修补部位用钢丝刷刷毛，并用压力水冲洗干净。要求混凝土表面坚固、密致、洁净、潮湿、无油质污染，以利于水泥砂浆的黏结，以免分层脱落。混凝土表面经清理合格以后，用刚拌和好的干稠的水泥砂浆，抹压密实，然后抹平表面。若有喷浆设备，保护层最好用喷浆修补。修补完毕后，应立即用湿草袋或湿麻袋覆盖，并经常洒水保持潮湿，以免新修补的砂浆产生干缩裂纹。一般要求不少于 7 天的潮湿养护。

2) 环氧砂浆修补

环氧砂浆能有效地修补管子的各种缺陷，但成本较高，一般多用于修补裂缝和渗漏。环氧砂浆由环氧树脂、固化剂、增塑剂、稀释剂和填料等配制而成。环氧砂浆的配制方法是：先将环氧树脂与二丁酯拌和均匀，然后加入固化剂乙二胺迅速搅拌均匀，得到环氧胶黏剂；将环氧胶黏剂与预先干燥并拌好的填料一起混合，拌和均匀至每颗砂粒都被环氧胶黏剂彻底湿润和包裹，得到环氧砂浆。由于乙二胺放热温度高，拌和时应注意冷却。每次配制数量不宜太多，这样能使放热的情况得到改善，避免因温度升高引起骤然发泡聚合而失效。

(1) 管子缺角掉边、蜂窝麻面的修补。当用环氧砂浆修补管子缺角掉边、蜂窝麻面时，先将待修补部位的疏松混凝土凿除，用钢丝刷刷毛，用吹风机吹除尘土。要求混凝土表面坚固、密致、清洁、干燥、不受油质污染。如有水分潮湿，应晒干或用吹风机吹干。修补时，先用毛刷或橡皮刷在待修补部位涂一层环氧胶黏剂，要求涂得薄且均匀，注意排出气泡。在胶黏剂还在发黏时，即用环氧砂浆填补缺陷，并用镘刀或油灰刀反复压抹密实。

(2) 管子裂缝、砂眼漏水的修补。当用环氧砂浆修补裂缝、砂眼时，沿裂缝或管芯砂眼漏水部位凿成 V 形槽，槽深约 1.5cm，面宽约 2cm，槽的长度在裂缝的两端延伸约 10cm，用吹风机将槽内尘土吹除干净后，在表面涂一层环氧胶黏剂，再用环氧砂浆填平，固化后即可起修复加固的作用。其中，对裂缝进行环氧砂浆修补后,再在其表面用环氧胶黏剂粘贴一至四层无捻方格玻璃纤维布,则可增加环氧材料的抗拉抗裂能力。

(3) 管壁渗水潮湿的修补。在渗水潮湿部位的管内壁,用钢丝刷刷毛,并用吹风机将尘土吹除,要求管内壁表面坚固、密致、清洁、干燥、无浮浆。用毛刷或橡皮刷涂刷环氧胶黏剂,或用喷雾器喷涂环氧胶黏剂二至三层,要求涂得薄且均匀,并注意排出气泡。多层胶黏剂的涂刷,应在先涂的一层胶黏剂还在发黏时,涂刷下一层胶黏剂。固化后,即可起到防渗作用。

需要注意的是,环氧材料具有不同程度的毒性,操作时必须穿戴工作服、口罩、橡皮手套和眼镜等防护用具。另外,环氧材料造价要远高于普通的水泥砂浆,在农村小水电工程中,对于钢筋混凝土压力管道的破损修复一般采用的是水泥砂浆涂抹修复的方法,这种方法相对简单快捷,而且经济成本较低。

3.4 农村小水电渠道修复案例及实用改进技术

3.4.1 案例工程概述

某水库灌区位于钱塘江流域东阳江上游,地处东阳市中部。灌区土地集中,呈矩形状,南北两条干渠控制南北宽 11km,东西长 27km,土地总面积 279km^2,占全市的 16.04%。农田为河谷、冲积层地带,地面坡降约为 1/7100,土质以沙壤土为主,其次为黏性土。灌区设计灌溉面积 15.93 万亩 (1 亩 $\approx$ 666.7m^2),占东阳市耕地面积的 44.31%,实际灌溉面积 12.2 万亩,其中自流 7.95 万亩,提水 4.25 万亩。灌区建于 20 世纪 60 年代,受国家财政紧缺、建设资金不足以及技术条件受限的影响,灌区建设中有部分项目未达到原设计要求,引水渠道经过 50 多年的运行,老化、损坏、失修情况严重。图 3-15 为渠道表面衬砌混凝土层脱落、破损情况,露出

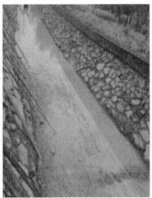

图 3-15 引水渠道混凝土层破损现象

了渠道边坡原有的浆砌石基础，渗漏严重。现场渗漏监测显示，该段渠道渗漏量达 $1.8\text{m}^3/\text{min}$，造成每天近 1300m^3 的水能资源流失，不仅降低了电站发电效益，还威胁渠道周边地区人民的生命财产安全。

1. 引水渠道修复加固方案

修复加固总体原则是在渠道现有基础上进行防渗加固。对原有边墙衬砌脱落、破损的渠段，清除原防渗体的破损层后，两侧边墙进行 15cm 厚的 C20 混凝土衬砌，保留原渠道底板，并在原渠道底板上现浇 10cm 厚的 C20 混凝土；对原有渠底板破损的渠段，清除破损底板后，在渠底设置 15cm 厚的碎石垫层，然后现浇 10cm 厚的 C20 混凝土，最后两侧边墙进行 15cm 厚的 C20 混凝土衬砌。另外，在地下水位高于渠底的渠段用塑料胶管设置排水孔作为排水设施。

此次渠道的防渗加固方案采用现浇素混凝土进行修复加固，施工工艺如下：

(1) 模具安装。施工前根据混凝土需要浇筑的厚度，确定钢模板位置，利用钢架进行支撑固定。现场混凝土浇筑使用的模板，单块面积小、质量轻、安装简易，人工即可进行模板的支撑固定工作。

(2) 混凝土制备和运输。由于现场环境限制，不能采用混凝土泵车进行浇筑，而是在需要防渗加固的渠段旁直接用拌和机进行混凝土拌和，然后采用小型三轮车直接在渠道内进行混凝土的运输。

(3) 浇筑。按从下至上顺序浇筑，混凝土坍落度控制在 5～7cm。采用振捣棒进行振捣，浇筑深度达到两块模具高度，即 80cm 时，先用振捣棒自下而上振捣一遍，再进行浇筑，如此反复进行，直至浇筑结束。

(4) 设置伸缩缝和排水孔。由于现浇混凝土面板面积大，纵向每隔 6m 用木板设伸缩缝一道。另外在渠道内边坡底部，纵向每隔 5m 用塑料胶管设置排水孔。

2. 引水渠道修复加固效果评估

采用现浇素混凝土的方法对渠道进行防渗加固，施工方便，克服了山区劳动力匮乏、施工条件恶劣等因素。但是修复后也发现一些新的安全隐患，如采用木板设置伸缩缝，不能很好地解决伸缩缝渗水问题；采用钢模板立模，拼板接缝处混凝土粗糙度较高，特别是由于立模采用的钢模板面积较小，直接导致浇筑后的混凝土表面出现较多的拼板接缝痕迹，最终造成浇筑后的混凝土表面不平整、不光滑 (图 3-16)。由于钢模板为直板，在渠道转弯处浇筑后渠道转弯处的混凝土表面变成了多段面 (图 3-17)，影响了渠水的流动速度，进而造成水能损失，影响发电效益。

图 3-16　渠道修复加固施工现场图

图 3-17　部分渠段修复加固后蓄水运行情况

3.4.2　实用改进工艺

为了解决上述施工方案中拼板接缝处混凝土粗糙度较高，最终造成浇筑后的混凝土表面不平整、不光滑的问题，研究提出了一种新型的渠道表面现浇混凝土的施工工艺。

在原有钢模板立模的基础上，首先铺设一层厚 1.2mm、宽 1m、长 2m、重约 19kg 的不锈钢铁皮，然后在不锈钢铁皮上铺设一层厚 1mm、宽 1m、长 2m、重约 3kg 的高密度 PVC 薄板，如图 3-18(a) 所示，之后再进行现浇筑混凝土施工。由于在原有钢模板立模的基础上首先铺设了一层不锈钢铁皮，这层不锈钢铁皮面积相当于 8 块钢模板拼接在一起，有效地减少了由于拼板形成的接缝，提高了浇筑后混凝土表面的平整度和光滑度。特别是在曲线段渠道，由于铁皮具有一定的刚度，在浇筑时，铁皮不会完全被混凝土挤压到钢模板上，变形后的铁皮是一个近似渠道内边坡基础面的曲面，如图 3-18(b)、图 3-18(c) 所示，有效地减少了水能损失。

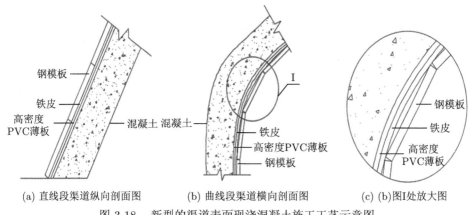

(a) 直线段渠道纵向剖面图   (b) 曲线段渠道横向剖面图   (c) (b)图I处放大图

图 3-18   新型的渠道表面现浇混凝土施工工艺示意图

此工艺既能防止混凝土在浇筑后表面出现不平整、不光滑现象，提高浇筑后混凝土表面的平整度和光滑度，又能有效地解决破损渠道的渗漏现象，避免水能资源的流失，增加渠道的整体稳定性。采用该工艺修复加固后，能够改善渠道在转弯处的过水能力，提高了渠水的流动速度，增大了渠道断面流量，使电站发电效益能够得到充分发挥。修复工艺所使用的高密度 PVC 薄板表面光滑、质量轻，施工时立模方便，脱模简单快捷，能够适应小水电现场修复施工的复杂条件。铺设的高密度 PVC 薄板具有良好的防潮、耐酸碱、抗腐蚀、抗老化等性能，不仅能反复多次使用，而且能够防止铁皮受到混凝土的腐蚀，使铁皮也能够重复利用，节约了施工成本。使用的铁皮和高密度 PVC 薄板物理化学性质稳定，不会在修复过程中对渠水及渠道周边植被造成污染，保护了山区自然生态环境。

3.5   农村小水电渡槽修复案例

3.5.1   案例工程概述

某水电站位于浙江省嵊州市小乌溪江下游，为典型的引水式电站。该水电站开发任务以发电为主，兼顾满足电站周围人民的用水需求。水电站水库总库容为128 万 m^3，电站拦水坝为均质土石坝，电站于 1979 年建成投产，原设计总装机容量为 260kW，由两台卧轴斜击式机组组成，由于运行多年而缺乏相应的更新改造，目前 100kW 机组已停机，仅有 160kW 机组正常运行发电，年发电量为 50 万kW·h。水电站引水明渠由混凝土结构和浆砌石结构组成，引水渠道全长约 5km，其中包含 6 个引水隧洞和一段引水渡槽。该引水渠道虽常有维护，但是经过 30多年的运行，衬砌老化破损严重，使得防渗结构失去原有的防渗能力，特别是渡槽底部出现了严重的混凝土剥蚀现象，严重影响水电站的正常运行 (图 3-19)。现场考察发现混凝土保护层厚度未达到规范要求，在潮湿环境下钢筋发生锈蚀并膨胀，使混凝土结构出现破损。从图中可以看出，引水渡槽底部混凝土严重老化，降低了混凝土对钢筋的锚固力和承载能力，存在较大的安全隐患。

图 3-19　渡槽底部混凝土层剥蚀脱落现象

3.5.2　修复方案设计

考虑到现阶段该水电站的效益并不高，暂时还不具备对渡槽进行重建的条件，需研究提出渡槽底部混凝土大面积剥蚀快速经济的修补方案。

此次渡槽破损修复方案及其施工工艺流程如图 3-20 所示。

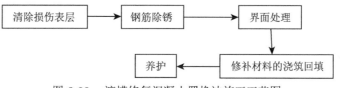

图 3-20　渡槽修复混凝土置换法施工工艺图

1. 破损混凝土的清除

对混凝土渡槽结构的修补，应先凿除老化劣化的混凝土表层，直至露出新鲜坚硬的混凝土层，再对结合面进行凿毛和清洗，使得修补层和原混凝土基层获得良好的黏结面。具体施工工序如下：① 渡槽内侧凿除工程，首先应定位放线，由此能控制凿除混凝土的位置和深度。一般而言，混凝土凿除深度不应小于 15mm，本次渡槽内外侧凿除深度应控制在 25mm，凿除的深度应保持一致，以避免形成薄弱界面。② 渡槽外侧凿除工程首先应对材料老化的外表面进行细致的凿除，特别应注意对局部破坏深度较深的部位进行凿除，增加对结构的修补效果。施工时宜用人工凿除，以加强凿除尺寸的控制和减小混凝土凿除对渡槽结构强度的损伤。

2. 新旧结合面的处理

在混凝土凿除结束后，首先应对外露的钢筋进行除锈处理，并涂刷阻锈剂和布置钢筋网，然后清除老混凝土基面的浮尘和松动的骨料。待高压水清洗干燥后，再涂刷混凝土界面剂，随浇随涂，以提高新旧混凝土的结合效果。对于渡槽底板外侧则应布置钢丝绳网片，以增强修补结构与原混凝土基层的黏结强度。

3. 修补材料回填

根据混凝土结构的环境类别，渡槽内侧的钢筋保护层厚度为 30mm，新旧结合面的保护层厚度为 20mm。由此可知，该渡槽结构的修补层厚度为 50mm。对于渡槽外侧则采用聚合物砂浆补强加固被凿除的部分，厚度按混凝土剥落厚度而定。当浇筑混凝土时，应缓慢地倾倒到预定位置。由于浇捣的厚度较薄，应随着混凝土浇捣，进行振捣，避免混凝土产生离析现象。

3.5.3　引水渡槽破损修复效果分析

经上述的修补处理后，基本可以解决渡槽表层材料的老化病害，恢复原有结构的安全性、适用性，减缓由于环境影响因素引起的结构性能衰减。为了评估混凝土置换的修补效果，对其进行了建模分析。

将修补后的结构横剖面简化成如图 3-21 所示的分层结构。A 层为渡槽外侧的聚合物砂浆层，平均修补厚度为 10mm，主要保护渡槽外侧结构，遏制碳化腐蚀破坏的进一步深入；B 层为原钢筋混凝土基层，厚度为 150mm，浇筑混凝土层前对局部的开裂破坏进行了处理，以恢复基层结构的连续性和增强修补结构的耐久性；C 层为渡槽内侧回填混凝土层，厚度为 50mm，回填混凝土层具有较好的防渗性能，起着保护混凝土基层的作用。

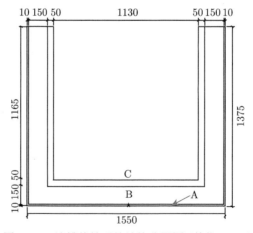

图 3-21　渡槽修补后的结构分层图 (单位：mm)

　　以现场实测尺寸为基础，建立修补后渡槽整体的有限元模型进行静力分析。模型中原钢筋混凝土采用 SOLID65 实体单元，B 层和 C 层采用 SOLID45 实体单元。材料本构模型均采用弹性模型。钢筋混凝土结构的密度为 2550kg/m³，砌石墙基础的密度为 2410 kg/m³，其修补层的具体材料参数如表 3-2 所示。图 3-22 为修补后引水渡槽的等效有限元模型。

表 3-2　渡槽结构的材料参数

材料	弹性模量 /GPa	泊松比	抗压强度标准值/MPa	抗拉强度标准值/MPa
聚合物砂浆层	1.63	0.2	24.00	8.00
旧混凝土层	14.1	0.167	7.00	0.77
新筑混凝土层	28.0	0.167	21.21	2.70
钢筋	210	0.25	235	235
浆砌石支墩	24.1	0.15	——	——

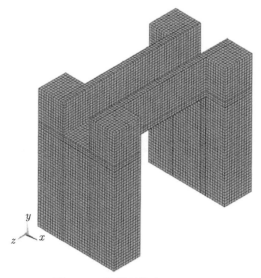

图 3-22　渡槽结构有限元模型

　　设计工况的计算结果如表 3-3 和表 3-4 所示。

　　由表 3-3 和表 3-4 可知，修补状态下渡槽底板和侧墙的应力应变值均比破损状态下小，其中竖直方向的底板应变值较破损时减小了 60.1%，侧墙应变值减小了 82.51%。由此可知，引水渡槽置换修补方案增加了整体结构的有效承载面积，有效地解决了引水渡槽材料老化导致整体结构强度降低的问题，提升了引水渡槽的安全性能，保证了电站安全稳定的运行以及渡槽周边地区人民的生命财产安全。

表 3-3   渡槽底板的计算结果对比

结构状态	底板底面第一主应力/MPa	底板顶面第一主应力/MPa	底板竖向位移/mm	底板 X 向最大应变/($\times 10^{-6}$)	底板 Y 向最大应变/($\times 10^{-6}$)	底板 Z 向最大应变/($\times 10^{-6}$)
设计状态	0.44	0.39	0.05	11.80	3.92	8.75
破损状态	0.55	0.50	0.14	36.70	10.00	26.00
修补状态	0.42	0.37	0.04	5.11	3.99	4.34

表 3-4   渡槽侧墙的计算结果对比

结构状态	侧墙外侧第一主应力/MPa	侧墙内侧第一主应力/MPa	侧墙竖向位移/mm	侧墙 X 向最大应变/($\times 10^{-6}$)	侧墙 Y 向最大应变/($\times 10^{-6}$)	侧墙 Z 向最大应变/($\times 10^{-6}$)
设计状态	0.35	0.31	0.04	2.27	11.90	9.40
破损状态	0.48	0.43	0.07	10.05	39.00	20.20
修补状态	0.29	0.26	0.03	1.85	6.82	6.33

第 4 章　农村小水电机组与水工建筑物增效技术

农村小水电的效益不仅与电站水工建筑物的来水量、水头和水头损失相关,而且与水电站机组的效率密切相关。调研发现许多小电站存在机电设备型号不全、水轮机选型不当等问题,损耗严重且能效低下,机组综合效率多在 65% 以下。经测算,通过增效改造和节能降损,平均增效可以达到 20%。

本章主要介绍机组增效扩容改造工程中高效转轮研制技术,解决导水机构漏水的密封改造技术,新型三偏心金属硬密封进水蝶阀技术,双密封进水蝶阀密封结构优化设计技术以及发电机增效扩容的新材料、新工艺,并给出了一些应用案例,有利于助推新技术在农村小水电的应用,提升电站总体效益。同时介绍了新型水工建筑物增效技术。

4.1　高效转轮的开发

4.1.1　新型水轮机开发流程

基于计算流体动力学 (CFD) 技术的转轮优化开发工作一般分为三部分内容:①初始设计数据,即对现电站的水轮机各个过流部件的图纸和设计资料进行收集;②对现在的机组进行 CFD 分析,预估各过流部件的流动特性和总体性能;③根据预估结果,对水轮机的过流部件如转轮和导叶等的设计参数进行优化设计。具体流程如图 4-1 所示。

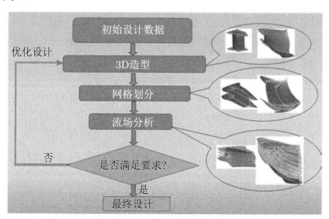

图 4-1　基于 CFD 技术的转轮优化设计流程

4.1.2　基于 CFD 技术的计算方法

水轮机工作时内部流场模拟不可压三维湍流内流计算问题，目前多采用基于 CFD 的技术进行研究。为了获得科学可靠的计算结果，对相关技术及现状作简要概述。

目前，不可压三维湍流内流计算研究中运用最广泛的为雷诺平均 N-S(Reynolds averaging Navier-Stokes，RANS) 方程。此外，数值模拟解决湍流问题的方法还有直接数值模拟 (direct numerical simulation，DNS) 法和大涡模拟 (large eddy simulation，LES) 法。

DNS 法从理论上而言是最直接也是最精确的方法，因为它不对湍流流动做近似假设。但是 DNS 法计算量太大，仅仅在几何尺寸较小、雷诺数较低，未充分发展的区域能够运用，其对计算机性能要求太高，如果工程中问题较为复杂，那么现有的计算机功能难以应对。因此目前 DNS 法主要是作为一个研究方向，而不是解决问题的实际途径。

LES 法在 DNS 法的基础上进行了一定的简化，用非稳态 N-S 方程对大尺度涡进行直接模拟，只要边界条件合适，LES 法计算结果就与 DNS 法结果一致，但问题是 LES 法的计算量仍然比较大，在工程运用中也存在一些困难。

综合来看，水轮机流场模拟采用 LES 法在现阶段还不现实，主要是 LES 要求网格尺度要小于含能尺度而大于耗散尺度，与惯性子区尺度同一量级，这要求计算域内的网格密度足够密，尤其在湍流活跃的剪切区、逆压梯度区和近壁区，湍流的多尺度特性所要求的网格密度是目前计算机无法承受的。

雷诺平均 N-S 方程为统计模型，对计算资源的要求远小于 LES 法。因此，在目前的条件下采用以雷诺平均 N-S 方程为基础的湍流模型是符合实际研究需求的选择。计算中采用 SST(shear stress transport) k-ω 模型，Menter 改进的 SST 利用开关函数将 k-ω 模型和 k-ε 模型结合起来。当靠近壁面时采用 k-ω 模型，离开壁面时则采用 k-ε 模型。这样在处理问题时，就不再受到 Re 数的限制。

在静止坐标系，雷诺平均 N-S 方程为

$$\frac{\partial}{\partial x_i}\left(\boldsymbol{u}_i\right)=0 \tag{4.1}$$

$$\frac{\partial u_i}{\partial t}+\frac{\partial}{\partial x_j}\left(u_i u_j\right)=-\frac{\partial p}{\rho \partial x_i}+\frac{\partial}{\partial x_i}\left[\frac{\mu+\mu_t}{\rho}\left(\frac{\partial u_i}{\partial x_j}+\frac{\partial u_j}{\partial x_i}\right)\right]+f_i \tag{4.2}$$

在旋转坐标系下，雷诺平均 N-S 方程为

$$\frac{\partial}{\partial x_i}\left(\boldsymbol{w}_i\right)=0 \tag{4.3}$$

$$\frac{\partial w_i}{\partial t} + \frac{\partial}{\partial x_j}\left(w_i w_j\right) = -\frac{\partial p}{\rho \partial x_i} + \frac{\partial}{\partial x_j}\left[\frac{\mu + \mu_t}{\rho}\left(\frac{\partial w_i}{\partial x_j} + \frac{\partial w_j}{\partial x_i}\right)\right] + f_i^{'} \tag{4.4}$$

$$\boldsymbol{u} = \boldsymbol{w} + \boldsymbol{\omega} \times \boldsymbol{r} \tag{4.5}$$

$$\boldsymbol{F}^{'} = -2\boldsymbol{\omega} \times \boldsymbol{w} - \boldsymbol{\omega} \times (\boldsymbol{\omega} \times \boldsymbol{r}) + \boldsymbol{f} \tag{4.6}$$

式中：p 为压力，ρ 为水的密度，u_i、w_i 分别为绝对速度和相对速度分量，f_i 为体积力分量，$\boldsymbol{\omega}$ 为转轮旋转角速度，μ 为黏性系数，μ_t 为湍流黏性系数，由 SST k-ω 湍流模型加以封闭。

由于研究的问题是不可压流场，在雷诺平均 N-S 方程的求解中多采用 SIM-PLEC 实现速度场与压力场的耦合。

定常计算条件如下：进口采用压力进口条件，根据计算水头给定压力。出口采用压力出口条件，给定静压出口。转轮转速根据水轮机转速给出。固壁面采用无滑移边界条件。计算中交界面采用了滑移网格模型以模拟动静干扰流场，转轮部件的网格相对于活动导叶和尾水管部件的网格转动，交界面两侧的网格节点不相互重合，各部件的计算同时进行，并且在交界面处保证插值后速度分量和湍流量一致，同时保证积分后压力和流动通量一致。蜗壳与固定导叶、固定导叶与活动导叶的交界面采用 stage 类型的交界面，活动导叶与转轮的交界面、转轮和尾水管的交界面为滑移交界面。

非定常数值计算在于预测水轮机内部的水力稳定性和全流道的压力脉动特性。由于非定常计算需要大量的时间和占用大量计算资源，所以非定常的数值计算中只选取了额定工况点进行计算。

初始条件：以定常计算收敛后的全流道数据作为非定常计算的初始条件。进口条件：计算域进口设在进水管进口处，按总压不变条件给定。出口条件：尾水管出口条件按静压力为零条件给定。壁面条件：固定壁面采用无滑移边界条件。转轮转速：根据水轮机转速给出。交接面：计算中采用了滑移网格模型以模拟动静干扰流场，即在转轮进口前和转轮出口后形成两个网格滑移面，转轮部件的网格相对于导叶和尾水管部件的网格转动，交界面两侧的网格结点不相互重合，各部件的计算同时进行，并且在交界面处保证插值后速度分量和湍流量一致，同时保证积分后压力和流动通量一致。

控制方程：采用不可压缩流体的连续方程和雷诺平均 N-S 方程，模拟水轮机中的流体流动，采用基于 k-ω 模型的 SST 切应力输运模型进行非定常数值求解。另外，采用有限体积法对非结构化网格下的控制方程在空间上进行离散。在时间离散上，采用二阶全隐式格式。对控制方程中的源项和扩散项应用二阶中心格式，对控制方程中的对流项应用二阶迎风格式。

计算步长：非定常解析的时间步长 ΔT 为转轮转动周期的 1/100，每计算 2 步保存一个数据。为正确预测整体流道内的不规则行为，进行了旋转 20 圈的非定常计算，主要根据后 15 圈数据进行分析。

压力脉动记录点布置：为了便于分析水轮机全流道内各过流部件的水压脉动规律，分别在机组叶片进口边近上冠处、下环处，叶片出口边近上冠处、下环处布置了 4 个旋转坐标系压力记录点，在无叶区周向 4 个位置和尾水管直锥段截面布置了 13 个静止坐标系压力记录点。对转轮内流道水推力进行了记录分析。离散方法：取水轮机整体流道作为计算域，将计算域分为蜗壳和固定导叶段、活动导叶段、转轮段以及尾水管段。考虑到转轮的旋转，在转轮无叶上段和转轮叶片段以及尾水段之间以冰冻转子的方式处理界面，计算过程中通过插值进行计算信息交换。

4.1.3　机组流道 CFD 模拟分析

1. 机组概况

电站机组容量 500kW，设计水头 36m，设计流量 1.84m³/s，电站设计年利用小时为 3300 h，设计年发电量 165 万 kW·h，实际年发电量只有 124 万 kW·h。电站设备主要参数如下：水轮机型号 HL240-WJ-50A，最大水头 45m，使用水头 30～40m，出力 425～654kW，转速 1000r/min，流量 1.7～1.96m³/s，飞逸转速 2400r/min。机组为金华水轮机厂 1993 年 10 月生产制造的 HL240 型，导叶相对高度 $\bar{b}_0 = 0.365D_1$，分布圆相对直径 $D_0 = 1.15D_1$，叶片数 14，最优工况单位转速为 $n_{11,0} = 72$r/min，最优工况单位流量为 $Q_{11,0} = 1.20$m³/s，限制工况单位流量 $Q_{11} = 1.24$m³/s。图 4-2 为 HL240 模型综合特性曲线。

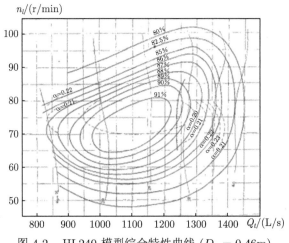

图 4-2　HL240 模型综合特性曲线 ($D_1 = 0.46$m)

2014 年 9 月到 2015 年 5 月间，机组已进行了增效扩容改造，水轮机由 HL240-WJ-50 改为 HLA551-WJ-50。以 A551 转轮的优化设计为基础，利用 CFD 仿真计算平台分析计算，并评估其效率，新转轮型号为 HRC001。给定单位转速 n_{11} =71.5r/min，单位流量 $Q_{11} = 1.1\text{m}^3/\text{s}$，计算水头选定为 20m。

2. CFD 计算模型及结果

根据设计图纸，利用 NX/UG 对流道的各个过流部件进行 3D 模型创建，得到现有 A551 模型的流动区域几何模型，全部流道整体的几何模型如图 4-3 所示。

图 4-3　整体流道模型

该设计流道的效率和各个过流部件的损失如表 4-1 所示。

表 4-1　现有电站过流部件损失

蜗壳部分 损失/%	固定导叶 部分损失/%	活动导叶 部分损失/%	转轮部分 损失/%	尾水管部分 损失/%
0.262	0.771	0.404	5.443	6.109

4.1.4　基于 CFD 分析的叶片优化设计

1. 优化策略及方案

对水轮机过流部件的水力设计而言，其优化设计目标主要是从流体动力学上追求更高的水力效率和更高的水力稳定性。要提高和改善水轮机的性能，必须对其过流部件内部流场进行深入研究，对于转轮内部流场实测仍然非常困难，探索采用数值模拟内部流场是一条切实可行之路。研究表明，用数值试验取代模型试验，确定最终的设计方案后进行模型试验验证，即采用“设计—CFD 数值模拟—修改设计”的优化设计思路，可大大缩短水轮机设计周期，降低研究开发成本，并为提高水轮机水力设计的质量提供技术保证。

从流体动力学来讲，水轮机水力设计属于反问题，即根据水轮机的性能 (取决于水轮机内部流动) 要求来设计各过流部件的几何形状。水轮机内部流动十分复杂，其特点是非定常、强三维、弱可压缩、弱温度场的黏性流动。水轮机过流部件的三维流场计算分析是性能预测和优化设计的基础。在水轮机过流部件水力设计中，转轮对水轮机的性能起决定性的作用。优化设计时，首先要找出机组达不到设计要求的具体原因，由此提出优化设计的方案。

　　首先进行初设，建立流道从蜗壳进口、座环 (固定导叶)、活动导叶、转轮、尾水管出口的整体流道流动分析平台，对该参考水力模型进行不同导叶开度，不同单位转速下的全流道数值计算，分析水轮机效率及各过流部件的损失，开展优化设计。

　　在转轮水力设计中，需要对很多重要的运行工况点进行分析和流动优化，包括：最优工况点、额定工况点、高水头部分负荷运行工况等。在最优工况点和额定工况点，需要保证水力计算效率和出力达到要求，压力脉动幅值处于安全范围内。在部分负荷工况下，需要减小叶道涡等不稳定涡带来的影响，避免叶片破坏。

　　针对原机组进行 CFD 计算后发现，在额定出力点活动导叶出口部分速度较大，转轮流道内流动不够顺畅、压力分布不均，尾水管中出现明显涡带、损失较大。为保证改造完成，与电站讨论后，确定上冠下环型线不变，叶片个数仍为 13，通过改变叶片进水边线形及叶片扭曲角度进行转轮优化设计。在叶型优化中，重点优化叶片进口扭曲角度，尽可能减少头部脱流；优化叶片出口边，避免尾水管旋涡出现；并光顺压力面、吸力面，保证流动均匀。

　　水轮机转轮优化采用 ANSYS 14.5 为平台 (图 4-4)。

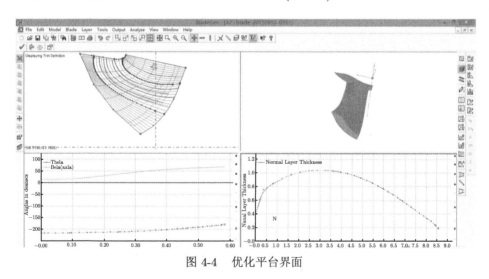

图 4-4　优化平台界面

　　根据 CFD 计算的结果，对转轮进行了多个方案的优化设计，典型优化成果如表 4-2 所示。

表 4-2   典型优化成果

最初转轮	优化方案简述
	初设转轮水力损失在 5.443%，水力损失有改进空间 流动分析发现，活动导叶出口至转轮进口区域流动速度较 大，叶片进口靠近上冠处流动较为不均匀。尾水管中有明 显涡带，水力损失较大
中间设计结果	
	根据对初设流道的分析，重点对叶片进口靠近上冠处的形 状、叶片出口边进行初步调整。计算后发现在额定工况点， 转轮内部流动有所改善，转轮水力损失为 5.182%， 但是尾水管中流动仍然不理想，叶片压力面流动不够顺畅， 因此进行进一步调整
最终优化结果	
	为达到设计要求，对叶片形状进行调整，使流动均匀顺畅， 减小进口冲角，尽可能避免脱流及其他流动分离现象产生

2. 优化结果分析

通过计算结果分析，优化后的水轮机效率为 93.106%，满足设计目标，压力脉动等指标较好，水轮机具有良好的稳定性能。对三个水头下典型导叶开度进行计算，分析优化前后机组的出力、效率，对比结果如图 4-5 和图 4-6 所示。

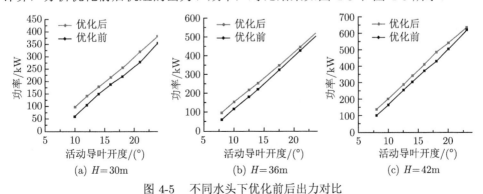

(a) $H=30\text{m}$ (b) $H=36\text{m}$ (c) $H=42\text{m}$

图 4-5   不同水头下优化前后出力对比

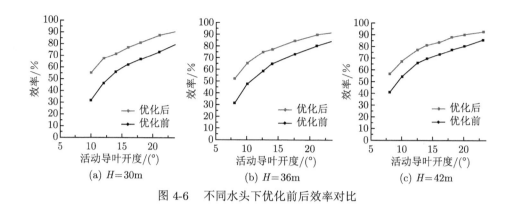

图 4-6　不同水头下优化前后效率对比

可以看出，在各个计算工况下，优化后机组效率均高于原始机组。在较小出力工况下，优化后机组仍具有较为良好的性能。对改造后机组计算得到最优工况性能和该工况下各过流部件损失，如表 4-3 所示。

表 4-3　改造后机组最优工况计算结果

计算水头/m	计算效率/%	蜗壳部分损失/%	固定导叶部分损失/%	活动导叶部分损失/%	转轮部分损失/%	尾水管部分损失/%
36.632	93.106	0.240	0.670	0.127	4.643	1.214

根据优化后的计算结果，水轮机的特性曲线如图 4-7 所示。

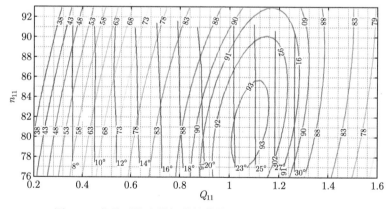

图 4-7　优化后的水轮机特性曲线 (彩图扫封底二维码)

3. 流道内部流动对比分析

1) 压力及流态

图 4-8～图 4-10 给出优化前后转轮内部压力及流线的对比图。可以看出，优化之后水轮机蜗壳、固定导叶及活动导叶内压力分布更加均匀，活动导叶出口高

速区缩小。转轮内部流动顺畅，速度分布均匀，在叶片出口靠近下环部分高速区缩小。优化前尾水管中存在明显的旋涡流动，损失显著，优化之后流动趋于平缓。

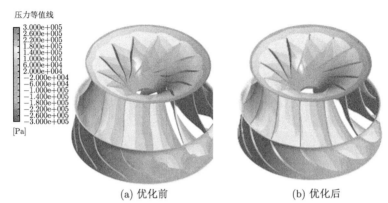

(a) 优化前   (b) 优化后

图 4-8　优化前后转轮表面压力云图分布对比 (彩图扫封底二维码)

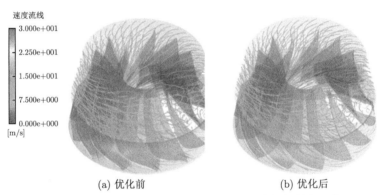

(a) 优化前   (b) 优化后

图 4-9　优化前后转轮流道内流线分布对比 (彩图扫封底二维码)

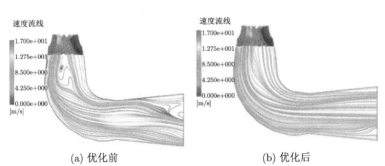

(a) 优化前   (b) 优化后

图 4-10　尾水管内部流态分布对比 (彩图扫封底二维码)

2) 压力脉动分析

图 4-11～图 4-13 给出了活动导叶压力脉动观测点位置布置以及对应脉动观测结果。在尾水管直锥段四周及中心布置记录点，见图 4-11(a)。在活动导叶和转轮之间布置了八个记录点，分布在四周，每处靠近上冠和靠近下环各一个，见图 4-11(b)。在转轮叶片进口边近上冠处、近下环处，出口边近上冠处、近下环处各布置了一个记录点，见图 4-11(c)。

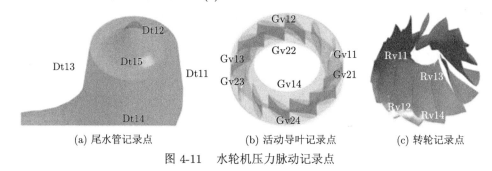

(a) 尾水管记录点   (b) 活动导叶记录点   (c) 转轮记录点

图 4-11 水轮机压力脉动记录点

图中可以看出，活动导叶出口区域的记录点压力随时间的变化呈现很强的周期性，主频倍数均为 13，与叶片个数一致。靠近下环部分记录点压力脉动幅值明显高于靠近上冠部分记录点，这是由于下环区域活动导叶出口离转轮叶片进口更接近。优化后压力脉动幅值小于优化之前，说明优化方案对无叶区压力脉动有一定改善。计算结果表明，转轮和尾水管记录点压力脉动也有所改善。

3) 叶道涡分析

额定水头下 40% 额定出力的工况点，为典型叶道涡工况。对该工况下优化前后的定常计算结果进行分析，在 ANSYS CFX 中利用标量视图对叶道涡的形态进行表示。为了对叶道涡的形态进行直观显示，选择了涡的表示准则进行体现。目前主流的涡的表示准则包括 Q 准则、λ_2 准则以及螺旋度准则。这里采用 λ_2 准则来表示叶道涡的形态。

λ_2 准则是 Jeong 和 Hussain 在 1995 年提出的。当忽略扰动和黏度的影响时，不可压缩的 N-S 方程的梯度中对称部分可以表示为

$$\boldsymbol{S}^2 + \boldsymbol{\Omega}^2 = -\frac{1}{\rho}\nabla\left(\nabla p\right) \tag{4.7}$$

式中：$\boldsymbol{S}$ 和 $\boldsymbol{\Omega}$ 分别为速度梯度张量中对称和不对称的部分。

假定对称张量 $\boldsymbol{S}^2+\boldsymbol{\Omega}^2$ 的特征值分别为 λ_1、λ_2 和 λ_3，且有 $\lambda_1 \geqslant \lambda_2 \geqslant \lambda_3$，则 $\lambda_2 < 0$。

采用 λ_2 准则的表示是基于特定平面的。取 $\lambda_2 = -400000\mathrm{s}^{-2}$ 作为叶道涡表示的相对值，优化前后转轮的叶道涡情况如图 4-12 所示。可见，在优化前该工况

下出现了显著的叶道涡形态, 涡从叶片进口边靠近上冠部分一直延伸到下环位置, 在叶片出水边靠近下环位置也出现涡。优化之后, 在同样的 λ_2 取值下, 叶道涡的体积和长度都显著减小, 在叶片出水边靠近下环位置也不再出现涡带。由此可以判断, 转轮优化对小出力工况下叶道涡现象有所改善。

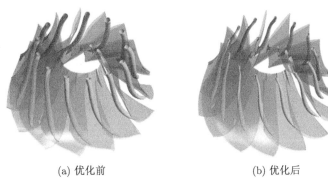

(a) 优化前   (b) 优化后

图 4-12　转轮优化前后叶道涡形态 ($\lambda_2 = -400000\mathrm{s}^{-2}$)

4.1.5 开发转轮现场试验验证

1. 转轮加工制作

根据优化设计的数据, 2016 年 5 月开始试制高效机组设备, 转轮采用 0Cr13Ni4Mo 不锈钢材质。为了保证叶片型线的精度, 保持转轮的水力性能, 水轮机转轮叶片采用数控加工, 加工后的转轮 HRC001 如图 4-13 所示。

图 4-13　研制 HRC001 转轮

2. 试验概况

2016 年 9 月开展试制转轮运行的现场试验。图 4-14 是新老转轮实物图片。

(a) HLA551老转轮　　　　　　　　　(b) HRC001新转轮

图 4-14　现场转轮实物

机组流量采用超声波测流装置。试验采取 X 法布置换能器,共四个换能器,斜对角两个换能器为一对,可以相互收发超声波信号 (图 4-15)。图 4-16 为 FUP1010 超声波流量计便携主机,参数显示如图 4-17 所示。

图 4-15　超声波探头 (换能器) 安装

图 4-16　FUP1010 超声波流量计便携主机

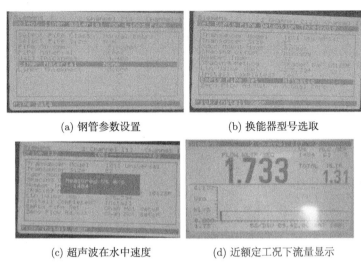

(a) 钢管参数设置   (b) 换能器型号选取

(c) 超声波在水中速度   (d) 近额定工况下流量显示

图 4-17 参数设置及显示

3. 试验结果

现场的试验数据结果如图 4-18 所示。结果表明：在测定水头下的机组出力 200~500kW 范围内，优化后的 HRC001 转轮效率性能明显优于 A551 转轮，具有宽广的高效率。大流量工况下效率高的特性有利于给机组增效扩容留有裕度。

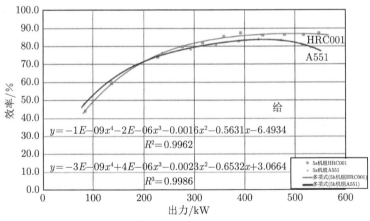

图 4-18 现场对比试验结果

通过多个模型流道的设计及水力性能分析，优化开发的高效混流式水轮机模型转轮满足了研发任务书的指标要求。电站原型试验验证了水力开发的合理性，说明基于 CFD 仿真技术的转轮优化设计可以提高机组的效率和稳定性能，为农村水电站的增效扩容工程提供了可靠的技术支持。

4.2　水轮机导水机构增效改造技术

调查发现，农村水电站水轮机导水机构的端面密封、立面密封以及导叶轴套等部件，普遍存在漏水问题，影响了电站的效益发挥，并存在一定的安全隐患，需要研究改进。

4.2.1　导叶立面密封改造设计

在静水压力的作用下导叶会产生微小变形，同时，经过多年的水流冲蚀和泥沙磨蚀，导叶之间的密合性下降，加大了导叶的间隙，最终形成漏水通道。导叶漏水量随着水头的增加而增大。导叶立面间隙漏水问题需要从密封材料、结构、压紧行程和安装等方面综合考虑优化，其中密封材料和密封结构是关键。

1. 密封材料

改进型聚氨酯密封材料不仅水解性能好，而且耐磨、可靠、寿命长。其与耐油橡胶性能对比见表 4-4。从表中可以看出，聚氨酯新材料较普通耐油橡胶性能全面提高，抗拉强度为原来的 3 倍，抗磨性能为原来的 10 倍以上。因此新材料将能可靠地保证导叶的密封性能和使用寿命。

表 4-4　改性聚氨酯密封材料与耐油橡胶对比

序号	性能指标	改性聚氨酯	耐油橡胶
1	硬度/(N/mm^2)	80±5	80±5
2	拉断强度不小于 /MPa	40	14
3	拉断伸长率/%	450	150
4	压缩永久变形不大于/%	35	40
5	耐 3 号标准油 (100℃×24h) 体积变化	0∼ −10	0∼15
6	脆性温度不高于/℃	−50	−30
7	耐水性	好	好
8	耐磨性	0.01∼0.05	0.2∼0.5

2. 密封结构

原机组导叶立面的密封采用三角形密封条结构，密封条易被冲掉破坏；改进结构采用不锈钢三段式双压板结构 (图 4-19)，可有效防止密封条被冲坏。

4.2.2　导叶端面密封改造设计

密封条的材料为聚氨酯，上游侧设置不锈钢压板，把密封条固定在顶盖和底环上，导叶端面应倒 5°∼6° 斜角，避免导叶转动时把密封条切坏；下游侧不设置压板，否则下游侧压板伸入流道喉部，易空蚀；把合螺钉为沉头螺钉，防止螺钉头引起绕流损失。这种改造的密封结构在下马岭水电站和密云水电站中使用过，效果良好，尤其适用于转轮直径小于等于 3.3m 的中低水头混流式水轮机。

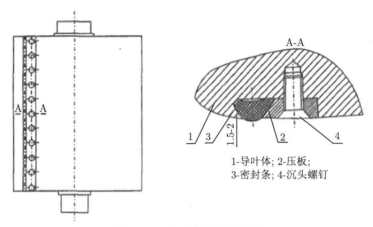

A-A

1-导叶体; 2-压板;
3-密封条; 4-沉头螺钉

图 4-19 导叶立面密封结构

与原密封结构相比，改进后的端面密封结构 (图 4-20) 主要特征如下：①密封条下面增加了凹槽，一是为了提高它的弹性，二是保持上下压力平衡；②两侧圆角改成了尖角，压板压得更牢固，密封条出不去，冲不掉，两面有压板压紧后易于调整；③外压板采用三段式结构，机组小修或临修时可进行密封条更换。导水机构的漏水问题得到改善，效果良好，值得推广。

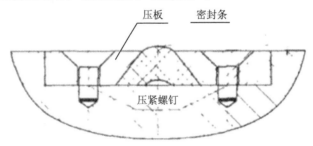

压板   密封条

压紧螺钉

图 4-20 新型导叶端面密封结构

4.2.3 导叶新材料选择

ZG20SiMn 合金钢具有高抗空蚀性以及较好的铸造性能和焊接性能，且成本较低，目前农村水电站机组的导叶制造普遍采用 ZG20SiMn 合金钢。但在导水机构内的水流受到导叶的推挤作用，水流流速较高。在高压水流的冲刷磨损下，导叶易发生严重的空蚀。

为了提高导叶抗空蚀性和泥沙冲击磨损，在导叶选材时需要与时俱进，最好选用不锈钢材料。高硬度的 0Cr13Ni5Mo 不锈钢在清水和含沙水条件下的抗空蚀性能显著高于 ZG20SiMn 合金钢。由于高硬度回火马氏体的存在，0Cr13Ni5Mo 不锈钢不易形成裂纹，增强了材料的抗空蚀性能。

4.3 新型水轮机进水主阀及其密封节水增效技术

我国 20 世纪 70 年代投运的水电站机组的进水阀，普遍存在漏水大、表面锈蚀严重等现象。经过调查，进水阀密封的漏水问题、机组检修时阀后排水造成水量损失等问题较为普遍，严重影响机组及电站效益。在综合分析软密封和硬密封特点的基础上，开展了新型三偏心金属硬密封进水蝶阀和双密封进水蝶阀的优化设计研发，并将其成功应用于不同农村水电站中。

4.3.1 新型三偏心金属硬密封进水蝶阀

目前，阀门密封一般有采用橡胶等软性材料的软密封和采用不锈钢、铜等硬性材料的硬密封两大类。软密封具有变形补偿性好、密封严密的优点，但软密封材料抗压强度低、易压坏、寿命短；硬密封具有抗压强度高、寿命长的优点、但变形补偿性能差、加工精度要求高、密封不严密，且磨损后难以修复。

为充分利用软密封变形补偿性好、密封严和硬密封抗压强度高、寿命长的优点，开发了软硬组合密封装置。在关闭过程中先是硬密封发挥作用，关闭切断流体后在密封前后形成压力差，利用该压力差驱动软密封，使软密封发挥作用形成二次密封。尽管软硬组合密封的原理有科学性，但这种驱动软密封装置，一般需要通过一些小孔与高压端液体连通形成驱动通道，这些小孔在液体流动中易被液体内杂物堵塞而不能驱动软密封，因此这种软硬组合密封装置的软密封容易失效。

传统三偏心蝶阀的密封比压分布是不连续的，最小值发生在与蝶板斜度最小区域接触的位置。两个密封面的密封比压差异较大。阀座与蝶板之间的密封比压大于允许最小密封比压，满足密封要求，但是过大的密封比压易造成阀座的疲劳破坏，影响阀门使用寿命。另一个密封面存在于阀座与压紧环之间，此处局部密封比压小于允许最小密封比压，阀门会在此处发生泄漏。

为克服上述问题，提出了三偏心结构，如图 4-21 所示。改造技术措施主要包括：

(1) 一偏心。密封座中心线与阀轴中心线偏移一定的距离，使阀门密封座与轴互不干涉。

(2) 二偏心。将阀轴中心线比阀体 (或管道) 中心线抬高一定距离，阀板轴孔中心线比阀板外圆平面偏移一定的距离。其作用是当阀板在开关阀过程中及阀门处于全开状态时，使密封面处于完全脱离状态，且在密封座处出现较大间隙，减少阀门密封面的磨损和擦伤，延长蝶阀使用寿命。

(3) 三偏心。密封面的锥角中心线与阀体中心线不重合，偏移一定角度，而形成的角度偏心。其作用是在阀门关闭时减少密封面相对滑移距离，从而实现阀体及蝶板密封面之间的瞬时脱离和瞬时接触，减少密封面之间的磨擦，同时又实现越关越紧的功能，不会造成蝶板过了阀体密封中心线后越关越松的现象。

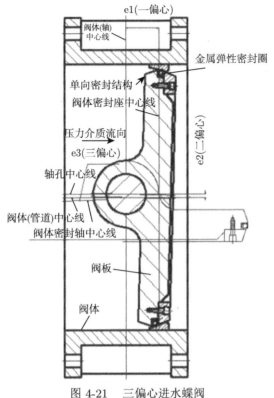

图 4-21 三偏心进水蝶阀

(4) 弹性补偿。密封圈采用弹性金属，本身就是一种弹性体，具有很好的弹性补偿功能，起到消除间隙的作用。

(5) 位移补偿。密封圈装在阀板的密封槽内可以在一定范围内滑移，自动对中，进行位置补偿。

(6) 压力补偿。将压力介质引入密封圈后面，使得金属弹性 O 形密封圈始终受到一向外的张力，尤其随着介质压力的升高，密封圈外圆直径也随着增大，从而增大密封比压，使密封更严密，实现压力补偿。

新型三偏心硬密封进水蝶阀在奥路加一级电站得到了应用。电站投运以来,进水阀运行状态较好，密封性能优良，无漏水现象发生，电站效益得到充分发挥。

4.3.2 新型双密封进水蝶阀结构设计

通常水电站进水主阀在出水端设置工作密封，在进水阀前面增设检修阀。机组检修时，需要将检修阀和进水主阀后的水排干，造成水量损失。双密封进水球阀是在进水球阀出水端设置工作密封，在进水端设置检修密封，通过两套密封结构的组合作用,在不排空进水主阀前压力水的情况下,利用检修密封对机组进行检修,解决了机组检修时放水的问题,减少了水量损失。马凤等以大七孔电站为依托对双密封进水球阀的密封变形等特性开展了试验研究,杭州亚太水电设备成套技术有限公司以土耳其奥路捷电站为依托开展双密封进水球阀的研制和应用,其双密封进水球阀如图 4-22 所示。

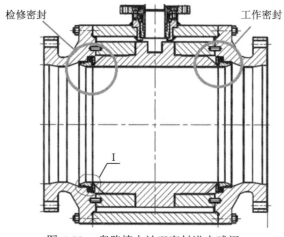

图 4-22　奥路捷电站双密封进水球阀

目前,双密封技术在进水蝶阀的研究较少,在吸收进水球阀双密封设计的基础上对进水蝶阀的密封设计进行优化。主要改进措施包括:①增加导向长度,改善了密封圈移动可靠性,移动密封圈由 L 形改为 T 形,减少了偏转角和径向分力;②检修密封圈采用截面为空心圆环的整圈结构,弹性好,有很强的弹性补偿能力,密封效果好。结构示意图如图 4-23 所示。

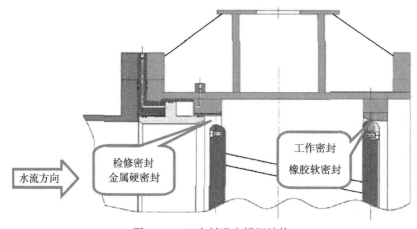

图 4-23　双密封进水蝶阀结构

通过以上优化改进，进水蝶阀利用工作密封和检修密封的组合作用，降低电站检修的水量损失，提高电站效益。该设计在安哥拉吉格拉水电站也得到了推广应用，取得了良好的效益。

4.4 农村小水电降压增容技术

农村水电站增效扩容改造项目是一项复杂的综合型工程，涉及多个机组设备。采用低压机组能简化电气设备，利于厂房优化布置，并降低机组设备的投资，是一项适合农村水电站增效扩容工程的技术。针对高压机组降压增容后的机组电流增加过大的问题，展开了降压增容工艺和电站应用研究。

4.4.1 低压机组特点及降压引发的问题

低压机组具有绝缘等级低、节省高压开关柜等电气设备、二次设备配置简单、厂房投资少、运行方便等优点，目前单机容量 800kW 以下的农村水电站设备优先选用低压机组，非常适合农村水电站增效扩容工程。但机组电压从 6300V 降至 400V，在容量不变的情况下，其电流需增加约 16 倍。电站增容改造工程中，随着机组容量的增加，电流增加更多。如何将线圈的电流密度保持在合理的区间，是降压增容工艺的重难点。研究工作从提高定子线圈的有效面积，扩大定子线圈电流等方面开展，进而从新材料、新工艺和新结构等方面优化定子线圈、转子线圈结构设计。根据老电站绝缘工艺和设计等方面的特点，利用新的绝缘材料减少绝缘厚度；利用无漆型涤纶玻璃丝包烧结绝缘扁铜线工艺，充分利用绝缘减薄产生有效空间；利用扩大支路单元数量增大定子线圈电流；采用一体化成型热压等工艺提高转子线圈的绝缘性能。

4.4.2 定子结构优化设计

老式机组多采用 5438-1 环氧玻璃粉云母带绝缘组件，定子线对地绝缘包扎数多，压缩了定子线圈导线布置空间。杨志根等研究了 5440-1 桐马环氧玻璃粉云母带在大型发电机上的应用，田华杰等研究了 5440-1 桐马环氧玻璃粉云母带的热传导性能。这些研究表明：5440-1 桐马环氧玻璃粉云母带具有柔软性，易于包扎控制尺寸和紧密；介质损耗、介质损耗增量和热态介质损耗等性能指标小；固化成型后的线圈具有良好的绝缘整体性，性能稳定。因此，研发中采用了 5440-1 桐马环氧玻璃粉云母带，大大降低了定子线对地绝缘包扎量，双边厚度减薄约 10%，增加了导线的布置空间。

长期以来，水轮发电机定子线圈的匝间绝缘基本采用双玻璃丝包铜扁线工艺。该工艺制作的绝缘层较厚，双玻璃线表面平整度差，绝缘层制作公差大。因此，需要在股线间高度方向和宽度方向设置一定的间隙，降低了定子铁芯槽内的空间利用率。

胡溢祥等分析涤纶玻璃丝包烧结铜扁线的制作工艺和拉伸附着性、耐磨性、绝缘柔韧性 (弯曲)、绝缘黏合性等性能指标，涤玻烧结线具有拉伸附着性、耐磨性、绝缘柔韧性 (弯曲)、绝缘黏合性好等特点，由于涤玻烧结线优良的机械性能，特别是弯曲特性和耐磨性在加工线圈和线棒的换位过程中，涤玻烧结线绝缘不易开裂和损伤。采用具有绝缘薄、介电强度高、绝缘附着性和黏合性好、表面光滑均匀等优点的优质 F 级电磁线，加上涤纶玻璃丝包烧结铜扁线工艺，提高了定子铁芯槽内的有效空间利用率。在线圈制作过程中，采用二次热模压工艺可强化定子线圈绝缘组件的绝缘层均匀度和可靠性。经过以上制作工艺，导线的截面积得到大幅度提高。根据机组容量和原机组线圈的工艺特性，其导线截面积提升可高达 $8\% \sim 25\%$。

减薄绝缘厚度和扁铜线制作工艺虽然在一定程度上提高了定子线圈导线的横截面积，但远达不到机组降压增容对定子线圈载电流的要求，需要通过扩展定子线圈的支路单元的方法来解决。

常规水轮发电机组的定子结构为 3 支路单元结构 (图 4-24)，通过扩展支路单元数量，各单元并联组合，定子载电流按单元数量成倍增加。单相绕组由 N 个支路单元组成，共形成 $3N$ 条支路，各支路的头与尾分别与主线路头和尾 U1、V1、W1 和 U2、V2、W2 连接，构成并联的回路，支路单元布置结构如图 4-25 所示。三相绕组轴对称布置，N 个定子线圈绕置在定子上的槽体。通过以上扩展支路单

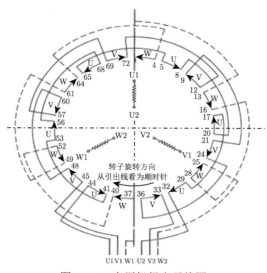

图 4-24   高压机组定子线圈

元的方式，大幅度提高定子电流，满足机组降压增容对定子线圈载电流的要求。

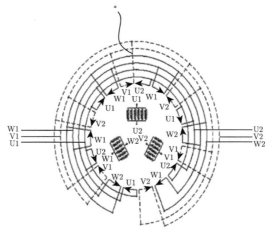

图 4-25 机组定子 3 支路单元结构

4.4.3 转子结构优化设计

为了提高转子绝缘的等级，结合原机组的特点，从绝缘材料、机组磁极结构等方面开展优化设计工作，具体如下：

(1) 针对农村水电站老机组磁极线圈匝间的绝缘材料多采用 B 级绝缘材料、厚度一般在 0.28mm 以上、存在绝缘耐压性能低的问题，为了提高绝缘耐压性能，研究采用厚度为 0.1mm 左右的 Nomex 绝缘纸，绝缘等级达到 F 级。

(2) 原机组磁极上下绝缘垫板与绝缘层多采用分体组合装配结构，磁极线圈压在上下两绝缘板之间形成一条爬电的通道。为了保证磁极线圈的爬电距离，原磁极上下绝缘垫板需要采用较大的厚度，达到 1cm。经过多年运行，灰尘堆结爬电通道，磁极的绝缘电阻下降严重。新设计中绝缘层与上下绝缘垫板整体一次性热压固化成型工艺，消除了绝缘层与上下绝缘垫板间的缝隙，由于结灰而产生爬电的疵病得到了彻底解决。绝缘层的上下垫板采用较薄的厚度还可以有效地降低磁极线圈的非有效度。该转子线圈的结构增加了磁极线圈的绝缘性、整体性，同时也降低了线圈的实际高度，使转子线圈匝数增加 10%~15%，保证了增容后转子线圈的电流负荷和温升的可靠性。

4.4.4 增容改造应用案例

东方红二级水电站 (金家岭) 设计水头 26.4m，引用流量 4.0m³/s，设计年发电量 315.5 万 kW·h。电站计算可装机容量为 324.9kW，实际装机容量 250kW，电站装机容量偏小，具备增容到 500kW 装机的条件。表 4-5 为机组改造前参数，

表 4-6 为机组改造后参数，图 4-26 为改造后的 1 # 机组照片，改造后机组效率得到了提升。

表 4-5　1 # 机组参数 (改造前)

型号	TSW	额定容量	500kVA
额定电压	6300V	额定电流	45.8A
接法	Y	功率因素	0.8
绝缘等级	A /B	额定转速	600r/min
飞逸转速	1080r/min	工作方式	连续
励磁电压	40.2V	励磁电流	165A
质量	4200kg	出厂编号	700106
出品日期	1970.4	生产厂家	重庆电机厂

图 4-26　改造后的 1 # 机组

表 4-6　改造后技术参数

额定功率	额定电压	额定电流	功率因素	频率	额定转速	绝缘等级
500kW(630kV·A)	0.4kV	902A	0.8(滞后)	50Hz	600r/min	F

4.5　农村小水电水工建筑物增效技术

本节围绕农村小水电站新型水工结构增效技术，以增加水电站水头与减少汛期弃水的新型结构研发为突破方向，介绍方便高效的橡胶坝、适用于无人值守新型翻板闸门以及以胶凝砂砾石料为主要建筑材料的环保型胶凝砂砾石堰坝新型水工结构，为我国面广量大的农村水电建设提供技术支撑。

4.5.1　橡胶坝技术

橡胶坝是 20 世纪 50 年代末随着高分子合成材料工业的发展而出现的一种新型的水工建筑物。20 世纪 60 年代以来我国对橡胶坝技术做了大量研究并在国内不同区域进行了较为广泛的应用实践，积累了较为丰富的运行、管理经验，所建工程基本发挥了预期效益。如广东省流溪河水库，1969 年在单拱坝的溢流堰顶上采用充气式橡胶坝加高 2m，一次拦洪 3200 万 m³，增加发电量 800

万 kW·h；白垢电站在 6m 高的溢流堰上用充水式橡胶坝加高 3.2m，1974 年建成后经受了 60 多次洪水考验，1990 年一年受益近 2000 万元，发挥了很好的工程效益，橡胶坝体现出具有提高水头、增加发电量、提高发电效率、经济效益显著等优点。

1. 橡胶坝结构特点及分类

依据高度方向，坝袋的数目的不同，橡胶坝可分为单袋式和多袋式。单袋式在坝高方向安装一个袋囊，是目前国内外通用的坝型；多袋式在高度方向安装 2 个或 2 个以上的袋囊，它适合于坝高较高或有特殊要求的工程。

按照充胀介质的不同，橡胶坝分为充水式和充气式两类。充水橡胶坝在坝顶溢流时袋形比较稳定，过水均匀，对下游冲刷较小。在冰冻地区，充水橡胶坝内的介质会产生冰冻问题。充气橡胶坝气密性要求高，气体具有较大的压缩性，在坝顶溢流时充气橡胶坝会出现凹口，导致水流集中，对下游河道冲刷较强。总体上比较，充气橡胶坝较充水橡胶坝工程投资相对较低。

按照结构固定模式的不同，橡胶坝可分为端墙锚固坝和枕式坝。端墙锚固坝的坝袋在端墙的坡脚处有褶皱缝，褶皱缝的深度与端墙坡度和坝袋端头封顶锚固高度等有关，端墙坡度越陡，坝袋封顶锚固线越高，坡脚处褶皱缝越深。枕式坝的端墙为不设锚固线的直立墙，锚固线均布置在底板上，坝体无褶皱，全坝体应力分布均匀。

2. 橡胶坝技术在农村小水电增效中的应用实践

1) 工程概述

榆树沟水库工程位于新疆哈密市境内的榆树沟河中游河段上，地理坐标为东经 93°52′，北纬 43°4′，水库枢纽工程是以工业城市供水和灌溉为主，兼有改善生态环境与综合利用效应的中型水利工程。水库总库容为 $1072 \times 10^4 m^3$，正常蓄水位为 1994.7m，相应调节库容为 $848 \times 10^4 m^3$；死水位为 1953.00m，相应死库容 $52 \times 10^4 m^3$，属年调节水库。水库挡水坝采用混凝土面板堆石坝，并且在坝体上设置溢洪道。混凝土面板堆石坝最大坝高 67.5m，坝顶高程 1998.50m，防浪墙顶高程 1999.70m，坝顶长 306m，坝顶宽 6m，坝顶上下游侧分别设高 3.5m 防浪墙和 2.5m 高的下游挡墙。坝体上下游坡均为 1:1.4。坝体按常规分区，在河床部位 10 块较长板块采用钢筋混凝土面板，在两侧阶地上坝高小于 40m 的坝段上，一律采用 6m×6m 的素混凝土分离式面板。溢洪道直接布置在填筑密实的堆石体上，由导水墙、堰体、泄水槽、掺气槽和输水段组成。溢洪道前沿净宽 20m，总宽 22m，采用曲线型溢流堰，堰顶高程 1994.70m，溢洪道总长 240m，考虑到榆树沟洪水陡涨、陡落和无预报特点，采用自由泄流方式运行，堰顶设三跨公路桥一座。水库于 2000 年 10 月建成投入使用，为哈密地区创造了较大经济效益，达到了设计和建造的目的。图 4-27 为榆树沟水库实景图。

图 4-27　榆树沟水库实景图

2) 橡胶坝设计方案

根据该工程已经建成的溢洪道的形状和特点，提出在溢洪道上建三孔坝高1.5m 的充水式橡胶坝。根据《水利水电工程等级划分及洪水标准》(SL252—2000)，确定新建橡胶坝为四级建筑物。经多种方案比较，将坝顶溢洪道作为橡胶坝的底板基础，橡胶坝袋直接锚固在溢洪道顶，节省了底板基础工程量，并且在坍坝的状态下，保持了水库原有溢洪道顶高程基本不变，利用原有溢洪道进水口和泄水槽，基本不影响溢洪道的泄洪，从而基本不影响榆树沟水库的泄洪能力。橡胶坝断面如图 4-28 所示。

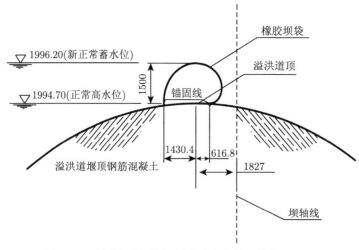

图 4-28　橡胶坝断面图 (图中除高程外，单位：mm)

溢洪道顶高程与橡胶坝底板高程为 1994.70m，坝袋净高 1.5m，设计正常蓄水位 1996.20m。橡胶坝上下游设施均利用原有溢洪道的进水口和泄水槽，不需要进行改造。橡胶坝孔数和原溢洪道泄洪孔一致，为三孔，坝段之间分隔墩采用溢洪道上部的桥梁的桥墩。充排水系统包括操纵橡胶坝充胀和排空坍落的机电设备及附属设施的维护结构。为了节约投资和方便交通，不设单独的动制室，直接将排水泵布置在坝顶位置。

3) 橡胶坝袋选型及锚固设计

橡胶坝结构采用端部堵头式的双锚线螺栓锚固模式，坝袋计算考虑两种工况：① 竣工期充水试验工况，坝袋安装后逐渐充胀至设计高度，坝袋上下游无水，以检查锚固及坝体的密封性。② 正常运用，坝袋上游挡水达到设计高度，坝袋下游无水。通常以第二种工况为坝袋计算的控制条件。

坝袋计算复核关键在于选择合适的内压比，以充分利用坝袋胶布的强度，并尽可能使坝袋面积减少，降低工程造价，坝袋设计参数示意图如图 4-29 所示。

坝袋径向强度计算式：

$$T = 1/2\gamma(\alpha - 1/2)H_1^2 \tag{4.8}$$

式中：T 为坝袋径向计算强度，kN/m；γ 为水的容重，kN/m³；α 为内压比，H_1 为设计坝高，m。

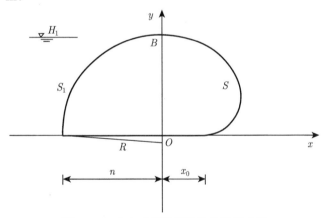

图 4-29　充水式橡胶坝设计参数示意图

采用双锚线锚固坝袋的有效周长 (不包括锚固长度) 为

$$L_0 = S_1 + S \tag{4.9}$$

式中：S_1 为上游坝面曲线段长度，m；S 为下游坝面曲线段长度，m。

采用双锚线锚固的底垫有效长度 (不包括锚固长度) 为

$$L_0 = n + X_0 \tag{4.10}$$

式中：n 为上游贴地段长度，m；X_0 为下游贴地段长度，m。

根据《橡胶坝技术规范》(SL227—1998)，确定充水式橡胶坝的坝袋设计参数如表 4-7 所示。

表 4-7　充水式橡胶坝的坝袋设计参数

径向计算强度 $T/(kN/m)$	上游曲线段长度 S_1/m	下游曲线段长度 S/m	上游贴地段长度 n/m	下游贴地段长度 X_0/m
11.810	2.317	2.510	0.617	1.430

综合考虑，R 取 1.432m；坝袋单宽容积 V 为 3.138 m³。

坝袋材料必须耐大气老化、耐腐蚀、耐磨损、耐水性好，有足够的强度，同时考虑本工程地点最低温度为 $-22.5℃$，坝袋还必须具有良好的抗冻性。实际坝袋采用二布三胶构造的材料，坝袋总厚度为 8mm，其中，最外层覆盖胶厚度为 4mm，夹层胶厚度为 0.5mm，内覆盖胶厚度为 3.5mm。坝袋胶布径向强度要求大于 160kN/m，纬向强度大于 90kN/m。

橡胶坝袋采用螺栓固定压板双锚固，具有锚固长度最小、胶布用量省、便于坝袋的安装和拆卸以及施工进度快等优点；同时，锚固件可以工厂化加工，质量及加工精度易于保证。

压板锚固设计分螺栓和压板两部分计算。经综合计算分析，锚件设计尺寸见表 4-8。

表 4-8　锚件设计尺寸

螺栓直径/mm	埋深/mm	压板厚度/mm	压板宽度/mm	加劲肋高/mm
16	500	12	120	46

供排水系统是橡胶坝工程的主要组成部分，根据本工程坝袋为单袋式结构的实际情况，选定坝袋适宜的充排方式，并能适应榆树沟水库汛期能快速排空下坍坝袋。

(1) 供水水源。为减少工程运行费用，利用上游水库水资源充足的条件，在面板堆石坝上游设置进水管和取水口。

(2) 供排水管道设计。为节约工程投资和减少埋设供排水管对溢洪道的扰动，将供水管及排水管分开设置。

供水系统，由一台离心泵抽取水库水，经埋于橡胶坝底板下方的供水管路，向各坝段供水。每个坝袋各设一个进水口和一个出水口，为避免坝袋超压运行，在边墩处设超压溢流管，当坝袋内水压超过 1997.03m(由橡胶坝设计内压比确定) 高程时，将溢流出水，此时立即停止向坝内充水。

排水系统，该橡胶坝在泄洪水时，上下游水位差较大，自排较容易，可以自排坍坝，打开排水阀门，橡胶坝坍坝可以自排泄水，排水管出口在面板坝溢洪道下游侧。

在坝袋内充水管路充水口处设置水帽，并在水帽檐下游端安装导水胶管，以便于排空坝袋内积水。

观测设备布置，利用原有榆树沟水库安装于桥台附近的水尺观测水位。

4) 供排水系统计算

A. 计算条件

当坝袋升高至设计高程时，坝内充水量为 67.4m³，从防洪角度考虑，橡胶坝的坍坝排水时间以 2~4h 为宜，由于本工程橡胶坝规模较小，拟采用 1 台水泵在 1h 内完成坝袋充水。

水泵的流量按下式计算

$$Q = V/nt \tag{4.11}$$

式中：Q 为计算的水泵所需最小流量，m³/h；V 为坝袋充水容积，$V=67.4$m³；n 为水泵台数，$n=1$；t 为充坝或坍坝所要求的最短时间，$t=1$h 则水泵的最小流量 $Q=67.4$m³/h。

水泵的扬程应根据管道的布置分别计算充坝时所需的水压力

$$H_B = (\nabla_1 - \nabla_2) + \triangle H \tag{4.12}$$

式中：H_B 为水泵所需的扬程，m；∇_1 为水泵出水管管口高程，m；∇_2 为水泵吸水管最低水位，m，本工程取 1952.6m(水库死水位高程)；∇H 为水泵吸水管和压力管水头损失总和，m。计算结果得出为 49.425m。

当出水管直接向坝袋充水时，则

$$\nabla_1 = \alpha H_1 + \nabla_3 \tag{4.13}$$

式中：α 为坝袋内压比；H_1 为坝高，m；∇_3 为坝底板高程，m。计算结果得出为 1997.025m。

根据计算的出口流量和扬程，参照水混凝土泵的样本选用合适的水泵。

B. 水泵选择

根据本橡胶坝的工程布置和运行情况，要求排水水泵具有较小流量、较大扬程。根据计算条件和排水量，结合本工程特点，为节约投资，选择 1 台 KL80-200(I) 清水离心泵，参数见表 4-9。

表 4-9　水泵选型表

坝袋容积 /m³	水泵型号	台数	流量 /(m³/h)	扬程 /m	电机功率 /kW
67.4	KL80-200(I)	1	70	54	22

C. 管路计算

管道的直径按下式计算

$$D = \sqrt{\frac{4Q}{\pi v}} \qquad\qquad (4.14)$$

式中：Q 为管段内最大计算流量，m^3/s；v 为管道采用的计算流速，m/s，本工程取流速为 $2m/s$。计算结果得出为 $0.109m$。

管道中的流速按下述原则选取：水泵吸水管中的流速在 $1.2\sim2m/s$ 中选取；压水管中的流速在 $2\sim5m/s$ 中选取。

根据计算结果，管道直径为 $10cm$ 即可以满足需要，排水管道直径采用 $15cm$，考虑到冬季最低温度很低，管道采用 UPVC 材料制作，虽然比钢管造价要高一些，但是很好地解决了管道的防冻问题。

D. 橡胶坝的操作运用

升坝操作，升坝前，打开各个坝段的排气阀，打开通向坝袋的阀门，进行充水升坝，在升坝过程中，观察坝体的变化，如发生异常现象，应立即关闭相应的阀门进行检修，当超压溢流管向外溢水时，关闭电机及各充水阀门。

坍坝操作，根据洪水预报及调度指令，提前检查设备的完好情况和进出水阀门的关闭情况，如有问题应及时检修，及时作好坍坝前的准备工作。坍坝时打开各个坝段的排气阀，打开排水阀门，利用自排坍坝。

5) 坝体稳定分析

A. 计算情况

①升坝挡水时，上游水位 $1996.2m$，下游无水，②竣工期，上、下游无水，坝袋内充满水，其中以第①种为最不利计算情况。

B. 荷载计算

坝体荷载按 $1m$ 宽坝段计算。

C. 坝体整体稳定抗滑计算。

抗滑稳定计算公式

$$K_C = \frac{f \cdot \sum G}{\sum H} \qquad\qquad (4.15)$$

式中：f 为坝基础底面摩擦系数；$\sum G$ 为作用于基础底面上的全部竖向荷载；$\sum H$ 为作用于坝底板上的全部水平荷载。

因该橡胶坝建立在溢洪道断面上，取溢洪道底板为橡胶坝底板，不需对溢洪道底板进行稳定计算，现计算新建橡胶坝后大坝整体抗滑稳定和坝坡稳定。

选取大坝非溢洪道断面进行整体抗滑稳定计算。因新建橡胶坝位于溢洪道，对非溢洪道断面的影响主要体现在正常蓄水位抬高 $1.5m$，断面抗滑稳定安全系数如表 4-10 所示。

表 4-10　非溢洪道断面抗滑安全系数

		水位/m	抗滑稳定安全系数 F_S
新建橡胶坝后	正常蓄水位	1996.20	5.14
	设计洪水位	1996.73	5.07
	校核洪水位	1998.68	4.82

因榆树沟水库工程等级为 Ⅲ 等工程，主要建筑物为三级建筑物，混凝土面板坝的等级为 3 级，坝基面的抗滑稳定安全系数为 1.05。由表 4-10 可知，新建橡胶坝后抗滑稳定安全系数远大于 1.05，该工程建成后，大坝整体稳定满足规范要求。

D. 边坡稳定安全性评价

采用 FLAC/slope 大型有限差分程序，对坝坡进行稳定分析。参照筑坝材料工程特性研究，取榆树沟面板堆石坝堆石体内摩擦角 φ 为 45.0°，黏聚力 c 为 0.0。正常蓄水期稳定安全系数为 1.48，坝体边坡稳定满足规范要求，滑弧位置详见图 4-30。

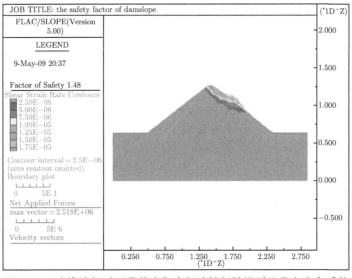

图 4-30　建橡胶坝后正常蓄水位大坝边坡坝坡滑弧及稳定安全系数

综合上述研究成果，榆树沟橡胶坝工程的修建可在汛期拦蓄更多来水，增加库容，提高发电量。

4.5.2　翻板闸门技术

水力自动闸门是水工建筑物重要的组成部分，调整泄流孔口的大小可以达到动制泄流量、排水、排沙、排冰的目的。新中国成立以来，水力自动闸门研究与应用较为迅速。我国目前建成的水力自动闸门约有一百多座，如苏州河河口的水闸工程，采用一扇单孔净宽 10m 的水力自动闸门作为档水结构，防御千年一遇高潮；鸭绿江较大支流之一瑗河位于丹东市境内，由于其坝址河道地形、地质条件不符合修建岸边溢洪道的条件，采取开敞式的河道泄洪比较合适，泄洪闸可以采用水力自动闸门。位于辽宁省本溪市本溪满族自治县偏岭镇法台村付家街西门外的付家水电站，其拦河坝坝体采用水力自动闸门溢流坝结构形式。水力自动闸门是低水头运行的水利枢纽，设立在溢流堰之上，堰顶的高度可人为自动调节，其形式选取的原则是因地制宜。结构形式较为多样化，主要包括翻板闸门、连杆式滚筒闸门、滚筒闸门、蓄能式自动闸门等结构形式，具体形式是要根据其所在位置、重要程度、地质条件、水流及风浪特性、施工条件、环境景观和工程造价等因素而定，水力自动闸门结构形式多样化可以适应农村山区河流较为复杂的水流环境。另外，我国西北部小型河流中含沙及含泥量较高，容易对引水枢纽造成淤积，来水含泥沙量比较高时，水库闸门不能及时关闭，泥沙进入水库，造成水库淤积。泥沙淤积不仅影响电站引水枢纽的调蓄能力，且严重缩短水力机械的使用寿命。山区河流洪水特点致使电站枯水期出力减少，洪水期又增加了防洪压力。因此，研究小型水电站防沙排沙不仅能够有效地保持调节库容，显著减低泥沙淤积，而且能有效提高水电站运行效率和延长水力机械的使用寿命，增加枢纽调蓄能力，提高水电出力，从而有效增加水电站的效益，具有一定的研究价值。

水力自动闸门是一个对环境要求不高，同时也能自动启闭，并可有效防止泥沙进入水库，对目前解决水库淤积有重要意义。其结构简单，运行可靠而且不需要外部能源，可以在泥沙淤积的河道中开启自如，不需要昂贵的设备支持。因此，符合农村小水电结构简单、可靠安全的特点。水力自动闸门在农村小水电中的应用，既节省投资，也有利于促进和加快流域水能资源的开发利用。近年来，随着人们治水思路的改变，以及对环境保护与美化意识的增强，水力自动闸门的应用范围不断拓展，在旅游、环保等综合工程中也都得到了较好的应用。

1. 水力自动闸门的构成及特点

我国目前建成的水力自动闸门大部分都是采用钢筋混凝土，也有少数采用水泥钢丝板结构，闸板大多是平面实心板与槽心板结合，少数是弧形或梯形的。支撑方式有长腿的，短支撑板或直接将面板支撑于铰座上，有多铰、曲线铰、渐开型铰、深卧型铰等。水力自动闸门可作为挡水建筑物来抬高水位，当与堰顶有空隙时，其上、下两部分都能够过水，当没有空隙时，只有上部能够过水。在闸门内部装有一个配重为 W 的重块，是调节水闸形态的核心构件，它能产生与水压力相反的力矩来自动调节闸门形态，当上游来水量增大时，水压力增加，对闸门产生一个顺时针的力矩，当此力矩大于重块产生的逆时针力矩时，闸门会顺时针转动放出上游多余的水量。相反，当水产生的顺时针力矩小于重块产生的逆时针力矩时，闸门关闭，上游来水被阻挡，直至上游水压能够继续推开闸门。这些型式各有其优缺点，使用范围、使用条件、工作特性，要根据工程设计的要求进行选择应用。目前水力自动闸门主要分为水力自动翻板闸门、滚轮连杆式翻板闸门、水力自动滚筒闸门等。

2. 新型翻板闸门在农村水电站工程中的应用

1) 工程概况

某水电站枢纽工程由拦河大坝、泄洪排沙洞、引水系统及电站厂房组成。水电站坝顶高程为427m，正常蓄水位412m。坝顶布置开敞式自由溢流表孔，堰顶高程412m，堰面上游采用三圆弧曲线，下游采用WES曲线。

2) 新型翻板闸门改建方案及泄流计算

为提高水库正常蓄水位，增加电站发电量，在保证提高正常蓄水位后，坝体抗滑稳定性满足要求的前提下，在水电站大坝溢流段上方加设了混凝土自动翻板闸门。自动闸门铅垂高度2m，每扇单跨长6m，总长54m，翻板闸坝段堰顶高程412m。水库库容曲线如图4-31所示，泄流曲线计算成果如图4-32所示。

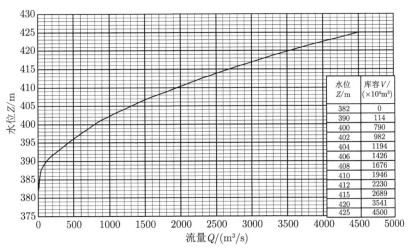

图 4-31　水电站水库水位-库容曲线

3)WES溢流坝段上翻板闸门的固定与安装

与宽敞河道不同，本工程翻板闸门修建在WES型溢流堰堰顶，闸门开启后对WES堰流态造成一定的影响。为减少这一影响，需要尽量降低支墩的高度从而降低闸门开启后的高度。

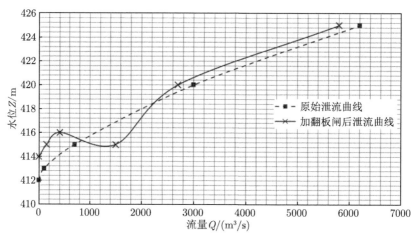

图 4-32　溢流坝段原始泄流曲线与增设翻板闸后泄流曲线

4) 大泄量时闸门稳定性控制

由于洪水期洪峰流量较大,容易使闸门失稳损坏。为此,需要进行专门的有限元闸门稳定计算。经计算和优选尺寸后,确定安全的闸门高度为 2m。同时为安全起见,采用液压制动的支臂作为连杆,当洪峰过大时,人工制动闸门开启,如图 4-33 所示。

图 4-33　自动闸门改建工程

5) 效益评价

未加自动闸门前多年平均发电量为 9851.2 万 kW·h。增设翻板闸门后,正常蓄水位提高了 2m，在机组规模与效率不变的前提下，发电量增加了 383.4 万 kW·h，增加了 3.9%。

4.5.3 胶结砂砾石料坝技术及应用

1. 胶结砂砾石料坝技术发展概述

胶结砂砾石筑坝是 20 世纪 80 年代发展起来的一种新型筑坝技术，其特点是将少量胶凝材料、水添加到河床砂砾石或开挖废弃料等坝址附近易获得的基材中，用简易设备和工艺进行拌和，形成胶结砂砾石料，再使用高效率的土石方运输机械和压实机械施工，填筑成体型介于碾压混凝土坝与面板堆石坝之间的一种新坝型。该筑坝技术最大限度地利用河床砂砾及开挖废弃料，可减轻水利枢纽对周围环境的破坏和不利影响，施工速度快，工程造价低。是一种经济环保型的水工建筑物。

胶结砂砾石筑坝技术扩大了坝型选择范围，放宽了筑坝条件，丰富了以土石坝、混凝土坝、砌石坝等为主的筑坝技术体系。近年来，日本、土耳其、希腊、法国、菲律宾等国家的诸多永久工程中应用了该坝型。我国先后在福建洪口、云南功果桥、大华桥、贵州沙沱、四川飞仙关等围堰临时工程中应用该筑坝技术，取得了一定的实践经验。2015 年我国第一座高度超过 50m 的胶凝结砾石坝永久工程——山西守口堡大坝正式开工建设，2016 年我国建成了第一座胶结砂砾石坝永久工程——四川顺江堰溢流坝。永久工程的建设标志着我国胶结砂砾石筑坝技术上升到一个新的阶段和水平。该技术的研究与应用，也为我国面广量大的中小型水利水电工程建设和众多老旧、病险水库工程的除险加固改造提供一种新的思路和途径。

胶结砂砾石坝根据"宜材适构"的筑坝理念，强调依据当地材料特性，选择合适的结构形式。采用胶结砂砾石材料筑坝要与筑坝的材料、坝体剖面以及大坝安全等方面进行有机结合，从而形成一套完整的大坝设计理念。主要体现在以下两个方面。

(1) 坝体结构设计需适应筑坝材料。胶凝砂砾石坝采用梯形断面，坝体应力水平较低，能适应低强度的胶结砂石料，可以充分地利用当地材料。设计时先调查坝址附近区域内可以使用的开挖料、沙石料，将这些材料作为骨料进行材料试验，确定可以获得的胶结砂砾石坝筑坝材料强度参数，再进行剖面设计，使剖面与可提供的胶凝砂砾石材料强度标准相适应。

(2) 坝体结构功能分开。胶凝砂砾石坝在坝体上游铺设防渗面板以解决大坝防渗问题，所以筑坝材料没有防渗要求，坝体自身仅要求满足稳定、应力强度等，施工层面可不必特意处理，同时由于胶凝量少，结构施工温控简单，上述优点大大简化了施工过程，提升了结构的整体经济性。

2. 胶结砂砾石料坝技术在小水电工程中应用

1) 黄岩堰坝概况

工程场址位于浙江永宁江一级支流半岭溪，拟采用胶凝砂砾石坝用于其尾水渠道旧堰坝拆除改建工程。工程等别为 V 等，工程永久性建筑物堰坝为 5 级建筑物，防洪标准采用 10 年一遇洪水标准。

2) 堰坝断面设计

黄岩堰坝断面采用"金包银"结构模式。初步拟定堰坝上游坡比为 1:0.4，下游坡比为 1:0.7。其示意图见图 4-34，图中高程单位为 m，尺寸单位为 cm。

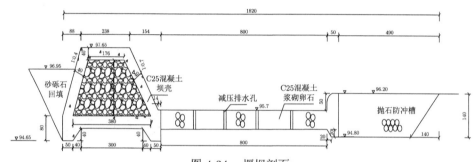

图 4-34 堰坝剖面

3) 筑坝材料设计指标

筑坝材料设计指标见表 4-11。

4) 复核计算

A. 堰坝水力特性计算

结合工程实际需要及计算结果，确定消力池采用下挖式，消力池深度为 0.5m，池长为 8.0m，堰坝消力池底板厚度取 70cm。

表 4-11 筑坝材料设计指标

填筑分区	填筑材料	干密度均值/(g/cm³)	强度指标
防渗区	混凝土	2.45	C25
垫层区	混凝土	2.45	C25
坝体	胶凝砂砾石料	2.42	抗压强度 10.2MPa

B. 稳定计算及应力计算

依据《胶结颗粒料筑坝技术导则》(SL678—2014) 及《混凝土重力坝设计规范》(SL319—2018) 要求，进行胶凝砂砾石堰坝的抗滑稳定验算及应力复核。

堰坝的抗滑稳定系数均满足设计要求，应力计算结果如表 4-12 所示。

表 4-12 堰坝底部截面的应力分析

应力计算		计算值	允许值	结论
1. 上游坝面垂直正应力/kPa		11.22	不应出现拉应力 (kPa)	符合
2. 下游坝面垂直正应力/kPa		43.35	应小于坝基容许压应力 (kPa)	符合
3. 上游坝面水平正应力/kPa		10.49	应小于材料极限强度与相应的安全系数 (均取 4) 的比值	符合
4. 下游坝面水平正应力/kPa		21.24	应小于材料极限强度与相应的安全系数 (均取 4) 的比值	符合
5. 上游坝面主应力/kPa	σ_1^u	11.36	应小于材料的允许压应力值 (kPa)	符合
	σ_2^u	10.35	应小于材料的允许拉应力值 (kPa)	符合
6. 下游坝面主应力/kPa	σ_1^d	64.59	应小于材料的允许压应力值 (kPa)	符合
	σ_2^d	0	应小于材料的允许拉应力值 (kPa)	符合

第 5 章　农村小水电输出工程主要电气设备及配电网降损技术

我国小水电开发初期，一般都是单站孤网向邻近村庄供电的模式。随着小水电的发展，原来分散运行的小水电供电区逐步连片成网运行。农村小水电输出工程电气设备存在设备老化、线路导线过细、供电半径过大等问题，继而引发输出工程电气设备电能损耗偏大、供电线路末端电压偏低等更多问题。上述问题如不能有效解决，将导致发电容量得不到有效利用，造成投资与资源的浪费，所以降低电能损耗将会产生重要的经济效益和社会效益。

本章围绕农村小水电输出工程主要电气设备降损技术，通过调研分析农村小水电输出工程现状，依据电气设备的电能损耗计算理论，建立农村小水电输出工程的电气接线模型及其电能损耗理论计算模型，设计电能损耗评价指标，开发农村小水电输出工程主要电气设备电能损耗计算分析系统，开发降损设备，为农村小水电输出工程主要电气设备电能损耗计算分析及降损方案设计提供技术支持。

5.1　农村小水电输出工程主要电气设备损耗评估

5.1.1　农村小水电输出工程及其电气设备概况

农村小水电通常选择 10kV、35kV 或 110kV 架空电力线路接入系统。一般容量大的电站通过 110kV 架空电力线路接入系统；容量中等的电站通过 35kV 架空电力线路接入系统；小电站通过 10kV 架空电力线路接入系统。从接线方式上看，农村小水电接入系统的方式也有多种情况。图 5-1 所示为单个电站经过 35kV 架空电力线路接入系统 (附近变电所) 图；图 5-2 所示为多个电站通过共同的专线接入系统图，中间一个电站的 35kV 线路为主干线路，途中有两个附近的电站依次接入该 35kV 线路；图 5-3 所示为多个小水电群并联接入系统的接线图，若干电

图 5-1　单个电站接入系统接线图

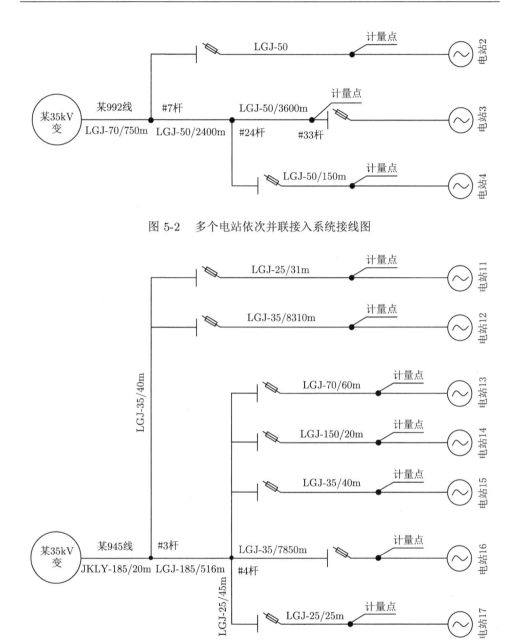

图 5-2　多个电站依次并联接入系统接线图

图 5-3　小水电群依次并联接入系统接线图

站先并联接入专线，再并联接入附近电站的输出专线至系统，形成复杂接入模式。复杂系统中，可以把线路分为干线和支线两大类，中途挂接上来的电站线路可以看成是支线，非中途挂接的电站线路可以看成是干线。图 5-4 所示为小水电站输出线路上有供电负荷时的几种电气接线情况。

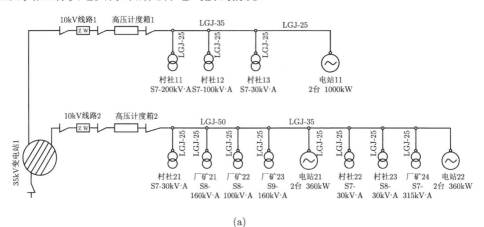

(a)

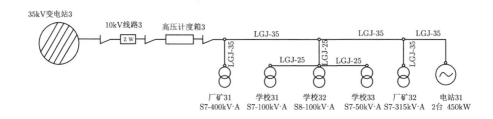

(b)

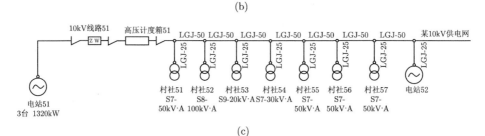

(c)

图 5-4　小水电站输出线路上有供电负荷时的电气接线图

　　图 5-5 所示为某电站直供区电网的电气接线图。电站以放射式接线方式给附近各地负荷供电。农村小水电输出工程的主要电气设备包括升压变压器和架空电力线路。

5.1.2　小水电输出工程电能损耗问题分析

1. 线损及类别

　　在给定时段内,电力网所有元件中产生的电能损耗称为电力网的线损电量。电力网线损的计算范围是:从发电机出口的计量点开始 (不包括厂用电度表) 到各

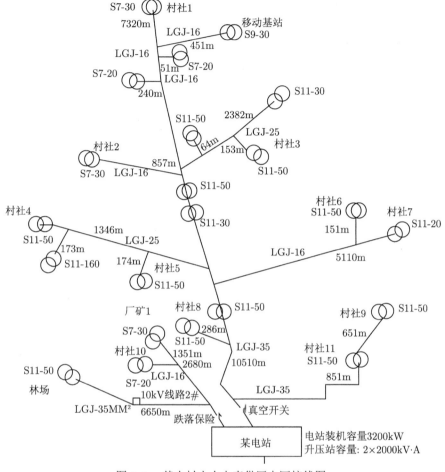

图 5-5 某农村小水电直供区电网接线图

用户计量点为止 (包含用户计量电度表损耗) 范围内的一切输电、变电、配电元件中各种形式的电能损耗。线损电量占供电量的百分比定义为线损率。

电力网的线损按其形成原因可分为理论线损和管理线损两类。在电力网实际运行中,用电度表计量统计出的供电量和售电量之差获得的线损电量称为统计线损电量,相应的线损率称为统计线损率。

在统计线损中,有一部分电能是在电力系统运行过程中不可避免的,其大小由相应时段内运行参数和设备参数决定,如变压器绕组和电力线路导线中的电能损耗、变压器的铁芯损耗、电缆的绝缘介质损耗及电晕损耗等。这部分损耗可以通过理论计算得出,习惯上称其为理论线损。这部分线损可通过技术手段降低。统计线损的另一部分损耗是由于管理原因造成的,如电度表综合误差、抄表的不同时、漏抄及错抄、错算所造成的统计数值不准确，带电设备绝缘不良导致漏电、无表用电和窃电等造成的损失电量，习惯上称其为管理线损。管理线损可采取必要的组织管理措施降低。

2. 小水电线损问题分析

农村小水电输出工程电气设备的电能损耗，主要是指升压变压器和架空电力线路在运行时产生的电能损耗。表 5-1 所示为浙江省某县部分 10kV 并网小水电的线损统计情况。统计数据显示，并网农村小水电的线损情况也有较大的差别，线损率高的达到 16.21%，低的仅有 4.24%。

表 5-1　2013 年某县部分 10kV 并网小水电线损情况表

线路名称	并网关口总有功电量/(kW·h)	并网电站	电站侧 (计量点) 发电量/(kW·h)	线损率/%
958 线	4722900	电站 1	5636700	16.21
945 线	12795349	电站 2	3094470	5.40
		电站 3	584267	
		电站 4	212871	
		电站 5	4525658	
		电站 6	677099	
		电站 7	822512	
		电站 8	2081880	
		电站 9	866000	
992 线	5134000	电站 10	2339019	4.24
		电站 11	1462840	
		电站 12	1559401	

根据调研分析，农村小水电线损率高的原因可总结为以下几点：

(1) 电气设备老化，设备性能存在问题；

(2) 运行管理问题，并网线路没有定期巡视，大部分是发生故障 (短路或接地后) 才进行检查消缺；

(3) 并网线路的线径设计偏小，线路导线过细；

(4) 供电半径超过合理的长度，如 10kV 线路供电半径超过规程规定的 15km、低压线路超过 0.5km 的要求，线路电压损耗大，末端电压偏低，电能质量差从而导致电网电能损耗的增加。

(5) 部分小水电专线仅考虑满足初期容量需求，随着其他小水电站就近接入以及小水电站增容，线路输送容量已远超经济电流承载的容量，导致线路的电能损耗偏大。

(6) 电站管理问题，如有的非国有小水电投入运行后，为追求短期利益，运行维护投入少，安全隐患也偏多。

农村小水电有必要加强线损管理工作,有针对性地从技术、管理等层面提出有效降损对策,特别是采取技术措施降低技术线损,切实提高电站运行的长远效益。

5.1.3 小水电输出工程电能损耗计算

电力网的线损是一种自然的物理现象。当线路通过交流电流时,导线要发热,同时导线周围将产生交变磁场,从而产生感应电动势,抵抗电流通过。当线路加交流电压时,存在漏电且在一定电压下可能产生电晕,同时三相导线之间以及导线与大地之间存在分布电容,电压加在电容上产生电场,在交变电压的作用下产生电流。线路的发热效应可用电气参数电阻 R 来等效,泄漏和电晕效应可用电气参数电导 G 来等效。作为主要电气设备,电力变压器和电力线路导线电阻损耗的电能约占电力网总损耗的 90%,其他约占总损耗的 10%。

电网的电能损耗计算可以概化为如图 5-6 所示模型:设电阻 R 上通过的电流为 $i(t)$,运行时间为 T,求在电阻上产生的电能损耗 ΔA。在此假定不考虑线路的泄漏和电晕效应产生的损耗。

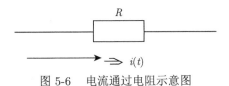

$$R$$

$$i(t)$$

图 5-6   电流通过电阻示意图

由于电流随时间变化,所以在 T 段时间内,在电阻上的功率损耗 ΔP 随着负荷的功率变化而变化,是时间 t 的函数,即 $\Delta P = \Delta p(t)$,T 段时间内的电能损耗应表示为

$$\Delta A = \int_0^T \Delta p(t)\mathrm{d}t \tag{5.1}$$

对于三相对称交流输电,当电流通过电阻 R 时,三相电能总损耗为

$$\Delta A = \int_0^T \Delta p(t)\mathrm{d}t = \int_0^T 3i^2(t)R\mathrm{d}t = \int_0^T \frac{p^2(t)+q^2(t)}{U^2}R\mathrm{d}t \tag{5.2}$$

式中:R 为电网元件的电阻;$i(t)$ 代表通过电阻的电流;$p(t)$、$q(t)$ 分别是通过电阻的有功功率和无功功率。

若在 T 段时间内,电流保持不变,即 $i(t) = I$,则式 (5.2) 简化为

$$\Delta A = 3I^2 R \times T \tag{5.3}$$

若在 T 段时间内，通过元件功率的功率因数 $\cos\varphi$ 不变，且电压相对不变，则式 (5.2) 简化为

$$\Delta A = \int_0^T \Delta p(t)\mathrm{d}t = \frac{R}{U^2\cos^2\varphi}\int_0^T p^2(t)\mathrm{d}t \tag{5.4}$$

如果 $\Delta p(t)$ 能用准确的函数式表达，则上述公式的计算简单，但用户用电具有很大的随机性，负荷曲线很难用时间的函数准确描述。同时，随时间变化的负荷曲线很难准确地获得，所以电能损耗的准确计算很困难。计算时需要作必要的简化。

从 20 世纪 30 年代开始，学者们开始分析研究电器元件产生电能损耗的原理及其电能损耗的计算方法。到 20 世纪后期，各种电网理论线损计算方法已经逐渐成熟，广泛应用于电网的理论线损计算。但由于电网电能损耗计算牵涉到网络结构的复杂性、负荷功率性质的多样性和实时变化性、计量监测水平的不平衡性等问题，所以计算电网理论线损仍然是一种近似的方法，要完全准确计算仍然是不可能的。

通常理论线损计算是按照电网的正常运行方式，基于电工理论，根据电气设备参数和负荷特性，在假设一定的前提条件下，简化计算电网中各电气元件的电能损失。目前典型的电能损耗理论计算方法包括：均方根电流法、平均电流法、最大电流法、最大负荷损耗时间法、等值电阻法和潮流法等，最近新发展起来的配电网理论线损计算方法主要有：潮流改进算法、遗传与人工神经网络结合算法和模糊识别算法等。

相对于配电网而言，农村小水电输出工程拓扑结构简单，网络元件和节点数较少，运行方式和负荷特征相对简单，运行参数的收集相对容易，理论线损计算既具有足够的精度，又满足分析需要。根据有关参考文献对各种计算模型的研究分析，均方根电流法、平均电流法能获得较好的计算精度，同时所需计算参数通常容易获得，比较适合农村电网理论线损计算需要。由于平均电流法是在均方根电流法的基础上发展的，所以本研究拟采用均方根电流法。

均方根电流法是常用的近似计算电能损耗的基础方法，计算原理清晰，需要收集的运行数据少，只需收集计算对象首末端在计算时段的运行数据 (有功量、无功量、线电压等)，计算精度高，能真实地反映计算元件的技术线损，也是计算配电网理论线损的优选方法。

在式 (5.1) 中，如果把计算期内的时段划分得足够小，则可完全达到与式 (5.3) 的计算结果等效，如一般发电厂及负荷的电流值可以通过代表日 24 小时整点实测得到。设每小时内电流值不变，则全日 24 小时元件电阻中的电能计算可以转化为简单的计算。

均方根电流法的思路是: 将运行时间 T 按每小时均分, 分为 T 个时段 (取整数), 且设每个小时内通过电阻 R 的电流 I_1、I_2、$\cdots$、I_T 大小不变, 则每个小时的电能损耗分别为

$$\Delta A_1 = I_1^2 R, \quad \Delta A_2 = I_2^2 R, \quad \cdots, \quad \Delta A_T = I_T^2 R \tag{5.5}$$

运行时间 T 内, 在电阻 R 上的总损耗为上述每个小时的电能损耗之和, 即

$$\Delta A = \int_0^T 3i^2(t) R dt = 3(I_1^2 + I_2^2 + \cdots + I_T^2) R \tag{5.6}$$

令 $I_1^2 + I_2^2 + \cdots + I_T^2 = I_{jf}^2 \cdot T$, 则

$$\Delta A = 3 I_{jf}^2 \cdot T \cdot R \tag{5.7}$$

式中: I_{jf} 称为 T 时段内, 通过元件电阻 R 的均方根电流, 有 $I_{jf} = \sqrt{\dfrac{\sum\limits_{t=1}^{T} I_t^2}{T}}$。

若取 $T = 24\mathrm{h}$, 即一天 24 小时, 则 I_{jf} 称为日均方根电流。日均方根电流计算公式为

$$I_{jf} = \sqrt{\frac{I_1^2 + I_2^2 + \cdots + I_{24}^2}{24}} = \sqrt{\frac{\sum\limits_{t=1}^{24} I_t^2}{24}} \tag{5.8}$$

若以三相有功功率和无功功率计算均方根电流, 则

$$I_{jf} = \sqrt{\frac{\sum\limits_{t=1}^{T} \dfrac{P_t^2 + Q_t^2}{U_t^2}}{3T}} \tag{5.9}$$

式中: P_t 是整点通过元件 R 的三相有功功率, 单位 kW; Q_t 为整点通过元件 R 的三相无功功率, 单位 kvar; U_t 表示与 P_t、Q_t 同一测量端同一时间的线电压值, 单位 kV。

代表日均方根电流法计算电能损耗的一般步骤是:

(1) 选取代表日。一般按下列原则选定代表日: ① 电网的运行方式、潮流分布正常, 能代表计算期的正常情况; ② 代表日的供电量接近计算期 (月、日、年) 的平均日供电量; ③ 绝大部分用户的用电情况正常; ④ 气候情况正常, 气温接近计算期的平均温度; ⑤ 计算全年损耗时, 应以月代表日为基础, 其中 35kV 以上电网代表日至少取 4 天, 使其能代表全年各季负荷情况。

(2) 获取根据代表日整点抄录的负荷, 并认为每小时内负荷不变, 计算日均方根电流。要求代表日负荷记录完整, 能满足计算需要。一般应该收集电站、变电所、线路等 24h 整点的输出或输入的电流、有功功率和无功功率值、电压以及全天电量记录。

(3) 计算代表日的电能损耗: 利用公式计算代表日的电能损耗;

(4) 计算某时段 (如一年) 的电能损耗: 通常代表日的电能损耗乘以总天数, 得到总的电能损耗。

如果不选取代表日, 也可选择典型计算时段, 计算步骤同上述所述。

1. 架空电力线路理论线损计算

1) 架空电力线路的等值电路

电力线路的等值电路是具有分布参数特性的等值电路。其每单位长度线路的参数沿线路均匀分布, 线路参数具有分布参数特性。对于中等及中等以下长度的一般电力线路, 可用集中参数等值电路, 不考虑线路的分布特性, 以简化计算。对于 35kV 及以下的短线路, 一般长度不超过 100km, 线路电压不高、距离不长、线路电纳的影响一般不大, 可以略去, 从而线路等值电路可简化为只有一串联阻抗的一字型等值电路, 如图 5-7 所示。图中标注的 $\tilde{S}_1$、$\tilde{S}_2$ 分别表示线路阻抗首末端复数功率, $\dot{U}_1$、$\dot{U}_2$ 分别表示线路阻抗首末端的电压向量。若对线路进行潮流计算, 需要用到如此参量的表示。

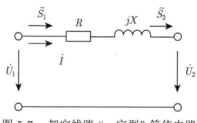

图 5-7　架空线路 "一字型" 等值电路

2) 架空线路的电阻

对于架空电力线路, 若导线的材料电阻率为 $\rho(\Omega \cdot mm^2/km)$, 导线的标称截面积为 $S(mm^2)$, 线路的长度为 $L(km)$, 每公里电阻为 $r_1(\Omega/km)$, 则线路的总电阻 $R(\Omega)$ 为

$$R = r_1 L = \rho \frac{L}{S} \tag{5.10}$$

对于电力电缆线路, 其电阻大小可直接查有关资料手册。

3) 均方根电流法计算架空线路理论线损

利用均方根电流法计算导线电能损耗基本步骤: ① 根据线路的导线型号及长

度计算线路电阻；② 根据线路的负荷及电压资料，计算线路代表日 (或典型计算时段) 平均电压和均方根电流；③ 利用公式计算通过线路电阻的电能损耗。

如果整条线路由若干段线段组成，则线路电能损耗计算基本步骤：① 根据线路的导线型号及长度计算每一段线路的电阻；② 根据线路的负荷及电压资料，从线路的最末端负荷节点开始，利用节点电流平衡关系，逐段计算通过每一线段上的均方根电流；③ 利用公式计算每一段线路的电能损耗；④ 将每段线路的电能损耗相加，得到整条线路的电能损耗。

架空导线和电力电缆的单位长度电阻，在不考虑温度影响时为其在 20℃ 时直流电阻，若考虑线路电流引起的温升及环境温度对线路电阻的影响，则应修正。

2. 电力变压器理论线损计算

1) 变压器等值电路

农村小水电常用的是无励磁调压的三相双绕组变压器。在电力系统的分析计算中，三相双绕组电力变压器通常采用 Γ 型等值电路，如图 5-8 所示。R_T 为变压器绕组的总电阻；X_T 是变压器绕组的总电抗，具体为变压器一次、二次绕组的电阻、电抗归算到同一侧后，再合并到一起的值；G_T 是变压器励磁支路的电导；B_T 是变压器励磁支路的电纳。电纳前面采用 "$-$"，表示其为感性。R_T 大小可反映变压器的铜损耗。基本铜损耗是电流在一、二次绕组直流电阻上的损耗。G_T 大小可反映变压器的铁损耗。变压器的基本铁损耗为磁滞损耗和涡流损耗。

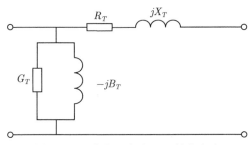

图 5-8　双绕组三相变压器等值电路

由于变压器的一、二次绕组只有磁联系，无电联系，所以上述变压器的等值电路是一、二次绕组经折算后得到的。折算实质上是在功率和磁通势保持不变的条件下，对绕组的电压、电流所进行的一种线性变换。所以进行变压器的参数计算首先要明确参数归算到哪一侧 (一次侧或二次侧)。

2) 变压器的参数计算

每一台变压器都有代表其电气特性的四个参数：短路损耗 ΔP_k、短路电压 U_k、空载损耗 ΔP_0 和空载电流 I_0。变压器的参数可以通过变压器的电气特性参数求得。

(1) 电阻 R_T 计算：

$$R_T = \frac{\Delta P_k U_N^2}{S_N^2} \times 10^3 (\Omega) \tag{5.12}$$

式中：ΔP_k 是变压器的短路损耗，单位 kW；S_N 表示变压器的额定容量，单位 kV·A；U_N 为变压器的额定电压，单位 kV。如果参数要归算到变压器一次侧，则采用变压器一次侧的额定电压 U_{1N}；如果参数要归算到变压器二次侧，则采用变压器二次侧的额定电压 U_{2N}。

(2) 电导 G_T 计算：

$$G_T = \frac{\Delta P_0}{U_N^2} \times 10^{-3} (\text{S}) \tag{5.13}$$

式中：ΔP_0 为变压器的空载损耗，单位 kW；U_N 代表变压器的额定电压，单位 kV；如果参数要归算到变压器一次侧，则采用变压器一次侧的额定电压 U_{1N}；如果参数要归算到变压器二次侧，则采用变压器二次侧的额定电压 U_{2N}。

变压器的空载损耗受变压器的容量和型号的影响。型号相同的变压器，容量大，空载损耗也大；容量相同的变压器，空载损耗和型号有关，型号越新，空载损耗越小。如将 10kV 变压器常用的 S_7、S_9、S_{11} 系列作比较，S_{11} 系列的变压器空载损耗最小。为减少空载损耗，变压器采用优质铁磁材料。随着电网改造的推进，耗能型变压器将逐步被高效节能型变压器替代。

3) 均方根电流法计算变压器电能损耗

变压器中的电能损耗包括两个部分：产生在线圈上的损耗 (简称铜耗，亦称负荷损耗)，产生于铁心上的损耗 (简称铁损，亦称空载损耗)。铁心上的损耗，基本不受负荷的变化而变化，亦称为固定损耗；线圈上的损耗，受负荷的变化而变化，亦称为变动损耗。

变压器铁芯损耗，以 ΔA_r 表示，计算公式为

$$\Delta A_r = \Delta P_0 \cdot \left(\frac{U_{av}}{U_f}\right)^2 \cdot T \tag{5.14}$$

式中：ΔP_0 是变压器的空载损耗；T 为变压器的运行小时数；U_f 表示变压器的分接头电压；U_{av} 是变压器运行平均电压。

若忽略电压变化 (一般情况下都可以忽略)，则变压器铁芯损耗为

$$\Delta A_r = \Delta P_0 \cdot T \tag{5.15}$$

变压器负荷损耗，以 ΔA_R 表示，按均方根电流法计算为

$$\Delta A_R = \Delta P_k \cdot \left(\frac{I_{it}}{I_N}\right)^2 \cdot T \tag{5.16}$$

因 $I = \frac{S}{\sqrt{3}U}$，所以上式可以改写为以下两式

$$\Delta A_R = \Delta P_k \cdot \left(\frac{S_{if}}{S_N}\right)^2 \cdot T \tag{5.17}$$

$$\Delta A_R = 3I_{if}^2 R_T \cdot T \tag{5.18}$$

式中：I_{if}、S_{if} 分别表示通过变压器的电流、视在功率的均方根值；S_N 是变压器的额定容量；ΔP_k 为变压器的短路损耗。

变压器的电能损耗 ΔA_T 为铁损和铜损之和

$$\Delta A_T = \Delta A_r + \Delta A_R = (\Delta P_0 \cdot T + 3I_{if}^2 R_T \cdot T) \times 10^{-3} \quad (\text{kW} \cdot \text{h}) \tag{5.19}$$

对于三绕组变压器，空载电能损耗计算与双绕组变压器相同。负荷电能损耗为每个绕组的电能损耗之和。应根据各绕组的短路损耗功率及其通过的负荷，分别计算每个绕组的电能损耗，再相加得到三绕组变压器绕组的总损耗电能。

均方根电流法计算变压器电能损耗步骤：

(1) 根据变压器型号和特性参数计算变压器电阻；

(2) 根据变压器的负荷及电压资料，计算典型时段通过变压器绕组的均方根电流；

(3) 计算变压器的铁损；

(4) 计算变压器的铜损；

(5) 计算变压器总的电能损耗。

5.1.4　小水电输出工程电气网络接线模型

根据对农村小水电输出工程实例的深入分析，适应农村小水电输出工程不同的类型，由点到面建立四个不同的模型。

1. 单母线电气接线模型——模型 A

农村小水电站大多采用单母线或单元接线，大多数情况是若干台机组、一台主变。也有个别情况是一台机组接一台变压器，分期分批投入，形成多组发电机变压器的组合。农村小水电站的输出一般采用一条架空线路。图 5-9 所示为农村小水电站电气接线模型 (模型 A)。图中表示，N_1 台机组接 T_1 变压器、N_2 台机组接 T_2 变压器，依次，N_m 台机组接 T_m 变压器，变压器共同接入高压母线，至架空线路。通过设置参数大小，可确定具体的电站接线方式，如若 $N_1=2$、$m=1$，则为 2 台机组、1 台主变的接线；若 $N_1 = 3$、$m = 1$，则为 3 台机组、1 台主变的接线；若 $m = 2$、$N_1 = 2$、$N_2 = 2$，则为 2 台机组 1 台主变、再 2 台机组 1 台主变的接线方式；若 $N_1 = N_2 = \cdots = N_m = 1$，则有 m 台机组、m 台变压器，且

先 1 台机组 1 台主变串联,再 m 组并联的接线方式。如此类推,根据研究对象的实际接线方式,可设定参数大小,从而确定电站电气接线模型。

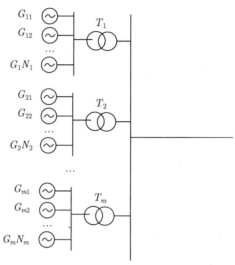

图 5-9 农村小水电站接线模型 (模型 A)

2. 站群接入电气接线模型——模型 B

农村小水电大多以小水电群的形式接入系统,某电站的一条专线上有多个附件的电站接入,它们共用一条专线接入附近的变电所。图 5-10 所示为农村小水电站群接入系统的电气接线模型 (模型 B)。图中表示 $1+k$ 个电站共用一条专线接入系统。将最远端的电站高压母线节点编号为 "0",电站编号为 "S_0",其他依次编号为 "1、2、$\cdots$、k"。将 S_0 电站的出线定为主干线,其他依次接入的电站线路为分支线。设置节点之间的距离可表示其具体情况,如两节点之间的距离为零,说明对应的两个电站先并联之后再接入主干线。

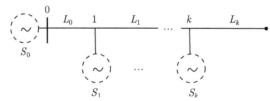

图 5-10 农村小水电站群接入系统电气接线模型 (模型 B)

3. 配电变压器接入模型——模型 C

农村小水电对周边负荷供电时,通常有若干个变压器从电站输出线上受电。图 5-11 所示为配电变压器接入系统模型 (模型 C),图中表示农村小水电对周边负荷供电时，负荷引出线上若干个变压器的电气接线模型。将最远端的变压器高压侧母线节点编号为 "0"，变压器编号为 "F_0"，其他依次编号为 "1、2、$\cdots$、j"。设置节点之间的距离可表示其具体情况；若 $j = 0$，则说明该条馈线上只有一台配电变压器。

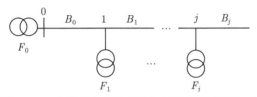

图 5-11　农村配电变压器接入系统模型 (模型 C)

4. 多模块组合的接线模型——模型 D

农村小水电群对周边负荷供电时，通常有若干个电站，多条供电线路，共同构成一个网络。图 5-12 所示为农村小水电输出工程电气接线模型，是由多个模块组合的接线系统。将接入系统最远端的电站高压母线节点编号为 "0"，其他依次编号为 "1、2、$\cdots$、j"；M_0 模块表示输出线为主干线的电站模块 (模型 A)，其他表示主干线上接入的电站模块 (模型 B) 或受电的配电模块 (模型 C)，假设电站功率输出方向为 "正"，则配电变压器功率输入方向为 "负"。当农村小水电群接入系统，同时对周边负荷供电时，可以根据实际情况设置节点参数以及具体的模块，得出具体的网络接线。

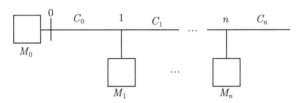

图 5-12　农村小水电输出工程电气接线模型 (模型 D)

5.1.5　输出工程电气网络不同接线模型的电能损耗计算

1. 模型 A 电能损耗计算

根据图 5-9 所示的接线图，建立计算变压器电能损耗和线路电能损耗的计算模型，模型计算的前提是已知发电机的输出功率。

设第 N_i 组发电机的输出功率为 $\widetilde{S}_{Gi} = P_{Gi} + jQ_{Gi}$，则

(1) 第 T_i 台变压器低压侧 (发电机母线侧) 输入功率为

$$\widetilde{S}'_{1Ti} = \widetilde{S}_{Gi} \tag{5.20}$$

如果计及厂用电，发电机出口厂用负荷为 $\widetilde{S}_{CGi}$，则

$$\widetilde{S}'_{1Ti} = \widetilde{S}_{Gi} - \widetilde{S}_{CGi} \tag{5.21}$$

(2) 若变压器空载损耗为

$$\widetilde{S}_{0Ti} = P_{0Ti} + jQ_{0Ti} \tag{5.22}$$

计算输入变压器绕组的功率：

$$\widetilde{S}_{1Ti} = P_{1Ti} + jQ_{1Ti} = \widetilde{S}_{Gi} - \widetilde{S}_{0Ti} \tag{5.23}$$

(3) 计算变压器负荷损耗：

$$\Delta\widetilde{S}_{TTi} = \Delta P_{TTi} + j\Delta Q_{TTi} = \frac{P_{1Ti}^2 + Q_{1Ti}^2}{U_{av}^2}(R_{TTi} + jX_{TTi}) \tag{5.24}$$

（R_{TTi}、X_{TTi} 折算到高压侧，与 U_{av} 对应侧）

(4) 计算变压器高压侧功率：

$$\widetilde{S}_{2Ti} = P_{2Ti} + jQ_{2Ti} = \widetilde{S}_{1Ti} - \Delta\widetilde{S}_{TTi} \tag{5.25}$$

(5) 计算电站输出 (输入高压线路) 功率：

$$\widetilde{S}_L = \sum_{i=1}^{i=m} \widetilde{S}_{2Ti} \tag{5.26}$$

(6) 计算通过第 T_i 台变压器的均方根电流：

$$I_{Tijf} = \sqrt{\frac{\sum\limits_{t=1}^{T}\dfrac{P_{1Tit}^2 + Q_{1Tit}^2}{U_{Tit}^2}}{3T}} \tag{5.27}$$

式中：P_{1Tit} 是整点通过元件 R_{TTi} 的三相有功功率，kW；Q_{1Tit} 为整点通过元件 R_{TTi} 的三相无功功率，kvar；U_{Tit} 表示与 P_{1Ti}、Q_{1Ti} 同一端同一时间的线电压值 (折算到变压器高压侧)，kV。

(7) 计算第 T_i 台变压器电能损耗：

$$\Delta A_{Ti} = \Delta A_{rTi} + \Delta A_{RTi} = (\Delta P_{oTi} \cdot T + 3I_{jfTi}^2 R_{TTi} \cdot T) \times 10^{-3} \quad (\text{kW·h}) \tag{5.28}$$

(8) 计算电站变压器总损耗：

$$\Delta A_T = \sum_{i=1}^{m} \Delta A_{Ti} \tag{5.29}$$

(9) 计算输出线路的均方根电流:

$$I_{Ljf} = \sqrt{\frac{\sum\limits_{t=1}^{T} \dfrac{P_{Lt}^2 + Q_{Lt}^2}{U_{Lt}^2}}{3T}} \qquad (5.30)$$

式中:P_{Lt} 为整点通过线路 R_L 的三相有功功率,kW;Q_{Lt} 为整点通过线路 R_L 的三相无功功率,kvar;U_{Lt} 表示与 P_{Lt}、Q_{Lt} 同一端同一时间的线电压值,kV。

(10) 计算电站输出线路电能损耗:

$$\Delta A_L = 3I_{Ljf}^2 \cdot T \cdot R_L \times 10^{-3} \qquad (5.31)$$

2. 模型 B 电能损耗计算

通过模型 A 计算电站及输出线路的电能损耗,对于模型 B 则是在计算出各电站的输出功率以后,再计算各分段线路的潮流,再计算各线段的电能损耗。沿干线将每一个节点加以编号,令主干电站输出节点 (高压侧母线) 为 0 编号。从主电站的 0 母线开始,依次为 $1, 2, \cdots, K$。

(1) 计算 S_i 电站输入 i 节点的运算功率 $\widetilde{S}_{Si}$:即根据模型 A 的功率计算办法,编号为 S_0 的电站输入 0 节点的功率为 $\widetilde{S}_{S0}$、编号为 S_1 的电站输入 1 节点的功率为 $\widetilde{S}_{S1}$ 等,依次求出主干线上所有电站节点的注入功率:

$$\widetilde{S}_{Si} = P_{si} + jQ_{si} \qquad (5.32)$$

(2) 第 $L_0(0、1$ 之间段) 线路:

$$\widetilde{S}_{L0} = \widetilde{S}_{S0} \qquad (5.33)$$

(3) 计算第 L_i 段 $(i、(i+1)$ 之间段) 线路功率:

$$\widetilde{S}_{Li} = \widetilde{S}_{L(i-1)} + \widetilde{S}_{Si} \qquad (5.34)$$

即,第 L_1 段 (1、2 之间段) 线路:

$$\widetilde{S}_{L1} = \widetilde{S}_{L0} + \widetilde{S}_{S1} \qquad (5.35)$$

第 L_2 段 (2、3 之间段) 线路:

$$\widetilde{S}_{L2} = \widetilde{S}_{L1} + \widetilde{S}_{S2} \qquad (5.36)$$

如此,利用 KCL 定律计算出每段线路功率,以 0 号节点功率流出方向为"正方向"。

(4) 计算第 L_i 段线路的均方根电流：

$$I_{Lijf} = \sqrt{\dfrac{\displaystyle\sum_{t=1}^{T} \dfrac{P_{Lit}^2 + Q_{Lit}^2}{U_{Lit}^2}}{3T}} \tag{5.37}$$

式中：P_{Lit} 为整点通过线路 R_{Li} 的三相有功功率，kW；Q_{Lit} 是整点通过线路 R_{Li} 的三相无功功率，kvar；U_{Lit} 代表与 P_{Lit}、Q_{Lit} 同一端同一时间的线电压值，kV。

(5) 计算第 L_i 段线路的电能损耗：

$$\Delta A_{Li} = 3I_{Lijf}^2 \cdot T \cdot R_{Li} \times 10^{-3} \tag{5.38}$$

式中：R_{Li} 是第 L_i 段线路电阻。

(6) 计算输出线路总损耗：

$$\Delta A_L = \sum_{i=0}^{k} \Delta A_{Li} \tag{5.39}$$

3. 模型 C 电能损耗计算

有若干个变压器通过供电线路从电站输出线上受电。根据接线图将每一个节点加以编号，令最远端的节点编号为 0 编号，依次为 1, 2, $\cdots$, J。

(1) 计算第 F_i 配变的运算负荷 $\widetilde{S}_{Fi}$(变压器低压侧负荷 + 变压器损耗)：可采用配变高压侧出口计量数据：

$$\widetilde{S}_{Fi} = P_{Fi} + jQ_{Fi} \tag{5.40}$$

(2) 计算 B_i 段线路通过的功率：

$$\widetilde{S}_{Bi} = \widetilde{S}_{B(i-1)} + \widetilde{S}_{Fi} \tag{5.41}$$

即，第 B_0 段 (0、1 之间段) 线路：

$$\widetilde{S}_{B0} = \widetilde{S}_{F0} \tag{5.42}$$

第 B_1 段 (1、2 之间段) 线路：

$$\widetilde{S}_{B1} = \widetilde{S}_{B0} + \widetilde{S}_{F1} \tag{5.43}$$

第 B_2 段 (2、3 之间段) 线路：

$$\widetilde{S}_{B2} = \widetilde{S}_{B1} + \widetilde{S}_{F2} \tag{5.44}$$

如此，利用 KCL 定律计算出每段线路功率。以节点功率流出方向为"正方向"，如此负荷电流方向为"−"。

(3) 计算第 B_i 段线路的均方根电流：

$$I_{Bijf} = \sqrt{\sum_{t=1}^{T} \frac{\dfrac{P_{Bit}^2 + Q_{Bit}^2}{U_{Bit}^2}}{3T}} \tag{5.45}$$

式中：P_{Bit} 为整点通过线路 R_{Bi} 的三相有功功率，kW；Q_{Bit} 是整点通过线路 R_{Bi} 的三相无功功率，kvar；U_{Bit} 表示与 P_{Bit}、Q_{Bit} 同一端同一时间的线电压值，kV。

(4) 第 B_i 段线路的电能损耗计算：

$$\Delta A_{Bi} = 3I_{Bijf}^2 \cdot T \cdot R_{Bi} \times 10^{-3} \tag{5.46}$$

(5) 总馈线电能损耗为

$$\Delta A_B = \sum_{i=0}^{J} \Delta A_{Bi} \tag{5.47}$$

4. 模型 D 电能损耗计算

按照接线图将各节点编号，以输出线路为主干线的电站高压母线节点为"0"编号。定义功率方向：电站功率输出表示为"+"，配电变压器接受功率表示为"−"。

(1) 计算第 M_i 模块的输出功率：

$$\widetilde{S}_{Mi} = P_{Mi} + jQ_{Mi} \tag{5.48}$$

$$\widetilde{S}_{C0} = \widetilde{S}_{M0} \tag{5.49}$$

(2) 计算 C_i 段线路通过的功率：

$$\widetilde{S}_{Ci} = \widetilde{S}_{C(i-1)} + \widetilde{S}_{Mi} \tag{5.50}$$

(3) 计算 C_i 段线路的均方根电流：

$$I_{Cijf} = \sqrt{\sum_{t=1}^{T} \frac{\dfrac{P_{Cit}^2 + Q_{Cit}^2}{U_{Cit}^2}}{3T}} \tag{5.51}$$

式中：P_{Cit} 为整点通过线路 R_{Ci} 的三相有功功率，kW；Q_{Cit} 是整点通过线路 R_{Ci} 的三相无功功率，kvar；U_{Cit} 代表与 P_{Cit}、Q_{Cit} 同一端同一时间的线电压值，kV。

(4) 计算第 C_i 段线路的电能损耗：

$$\Delta A_{Ci} = 3I_{Cijf}^2 \cdot T \cdot R_{Ci} \times 10^{-3} \tag{5.52}$$

(5) 计算网络主干线总电能损耗:

$$\Delta A_C = \sum_{i=0}^{n} \Delta A_{Ci} \tag{5.53}$$

(6) 计算各模块电能损耗 ΔA_{Mi};

(7) 计算总电能损耗为

$$\Delta A = \Delta A_C + \sum_{i=0}^{n} \Delta A_{Mi} \tag{5.54}$$

5. 基于原始数据和给定时段的电量计算

电网理论线损计算主要为电力线路和变压器的电能损耗计算。以均方根电流法计算理论线损应具备的原始资料包括: 电网的拓扑结构、变压器参数、线路各段导线参数、电网运行参数 (如关口表数据、各用户配电变压器计算时段的抄表数据) 等,表 5-2 所示为代表日关口表数据。

表 5-2　代表日关口表抄表数据示例

时间	三相平均电流/A	电压/kV	负荷	
			有功负荷/kW	无功负荷/kvar
00:00	17.3755	11.84	205.7259	5.035
01:00	16.074	11.72	188.3873	3.8
02:00	15.447	11.21	173.1609	4.75
03:00	15.5515	11.55	179.6198	4.56
04:00	21.185	10.78	228.3743	17.575
05:00	16.3875	10.9	178.6238	6.08
06:00	36.6985	10.28	377.2606	46.075
07:00	30.9415	10.63	328.9081	43.035
08:00	28.69	10.65	305.5485	37.62

原始数据是否准确和齐备是影响理论线损计算准确性的关键因素。线损计算的主要误差是由原始数据不准确造成的。对于农村小水电输出工程,电网的拓扑结构数据和元件参数可以做到准确地获得,电网的运行参数也应尽可能精确地获得。

对于带有配电线路的网络,若线路上的负荷点无表计,或者是虽有表计,但其记录不完全准确、不同时,则无法获得各个时刻的负荷运行数据。此时,要进行有效的线损计算,可将出口平均电流按变压器容量分配到线路分支,计算每段线路的负荷容量分配系数,再按系数估算各线段 (或支路) 的分流比及分配的电流。

在有代表日 24 个整点时刻运行数据的情况下,代表日全天的电量通过近似认为整点时刻间的负荷不发生变化,然后采用将不同时刻的电量进行累加得到全天的电量。

计算 T 时段通过某电气元件的电量为

$$A = \sum_{t=1}^{T} A_t = \sum_{t=1}^{T} P_t \times 1 = \sum_{t=1}^{T} P_t \tag{5.55}$$

式中：P_t 是整点通过该电气元件的三相有功功率，kW。

5.1.6 电能损耗评估指标体系

由于农村小水电输出工程电能损耗计算较为复杂，所需的数据较多，因此可以通过电能损耗评估的方式进行间接评估。农村小水电输出工程电能损耗主要由变压器性能、线路导线阻抗以及功率因数和机组年利用时间等因素决定。这里结合农村小水电输出工程的特点，选取电能损耗评估指标，采用熵权法确定评估指标权重，对农村小水电输出工程进行电能损耗评估。

1. 指标筛选原则

农村小水电输出工程电能损耗指标主要考虑以下筛选原则。

(1) 代表性原则。选取的指标可以代表和反映农村小水电输出工程电能损耗的影响因素。

(2) 实用性原则。选取的指标应简明清晰，便于获取数据，便于进行统计、计算、分析。

(3) 科学性原则。指标具有一定的科学内涵，可以反映农村小水电输出工程电能的基本特征。

以评估农村小水电输出工程电能损耗为目标，基于输出工程性能参数数据，结合电能损耗的影响因素筛选指标。因此，评估农村小水电输出工程电能损耗指标时，充分考虑数据获取便利性，指标的科学性与代表性，通过不同指标数据的统计分析与理论测算，提出农村小水电输出工程电能损耗评估指标体系。

2. 指标体系组成

农村小水电输出工程电能损耗主要由变压器性能、主变利用率、线路导线阻抗以及发电功率因数等决定。针对农村小水电输出工程电气设备的理论电能损耗评估问题，设计电能损耗评估体系，包含下面四类指标。

1) 变压器型号系列指标

我国从 20 世纪 80 年代以来，研制成功了 S_7、S_9、S_{11}、S_{13} 等系列变压器。不同系列配电变压器技术性能如表 5-3 所示。

表 5-3　不同系列配电变压器的技术性能比较

系列名称	空载损耗/W			负荷损耗/W			空载电流/%			阻抗电压/%		
	50	80/75	100	50	80/75	100	50	80/75	100	50	80/75	100
JB500—1964 标准	440	590	730	1325	1875	2400	8.0	7.5	7.5	4.5	4.5	4.5
JB1300—1973(Ⅱ) 标准	380	530	620	1260	1800	2250	9.0	8.0	7.5	4.0	4.0	4.0
JB1300—1973(Ⅰ) 标准	350	470	540	1200	1700	2100	12.0	8.5	8.5	4.0	4.0	4.0
SL$_7$(S$_7$) 系列	190	270	320	1150	1650	2000	6.0	4.2	4.2	4.0	4.0	4.0
S$_9$ 系列	170	250	290	870	1250	1500	2.2	2.0	2.0	4.0	4.0	4.0
新 S$_9$ 系列	170	240	290	870	1250	1500	2.0	1.8	1.6	4.0	4.0	4.0
S$_{11}$ 系列	170	180	200	870	1250	1500	0.42	0.36	0.35	4.0	4.0	4.0
S$_{13}$ 系列	170	150	180	830	1200	1430	0.3	0.25	0.25	4.0	4.0	4.0

分析可知，新系列变压器的空载损耗值、短路损耗、阻电压明显比旧系列要低。所以，对高能损的变压器进行改造，降损效果是明显的。变压器的型号可以作为评估其电能损耗的指标。型号系列指标可以用变压器的电量损耗率来表示

$$变压器电量损耗率 = \frac{变压器年损耗电量}{年发电量} \times 100\% \tag{5.56}$$

2) 主变空载率指标

变压器电能损耗由空载损耗和负荷损耗组成。空载损耗是当额定频率的额定电压施加到变压器一个绕组的端子，其他绕组开路时，所消耗的功率。空载损耗包括变压器铁芯的励磁损耗和涡流损耗，与铁芯钢片的性质及制造工艺和施加的电压有关。某台变压器的空载损耗与外加电压的二次方成正比，与负荷大小无关。由于变压器的外加电压相对固定，所以空载损耗也称为固定损耗。负荷损耗是由负荷电流流经绕组消的直流电阻损耗和由于漏磁沿截面和长度分布不均的线匝而产生的附加损耗组成。负荷损耗与负荷电流的平方成正比，也称为可变损耗。变压器的电能损耗率为

$$\Delta A_T = \frac{\Delta A_T}{A_T} \times 100\% \tag{5.57}$$

式中：ΔA_T 是变压器的损耗电量；A_T 为通过变压器的电量。

由于变压器电能损耗由固定损耗和可变损耗组成，所以其电能损耗率在低负荷时损耗率较大，之后随负荷的增加而减少，超过一定负荷后，其损耗率又逐渐增加，如图 5-13 所示。

变压器的负荷率在 50% 左右时其损耗率最低。综合考虑变压器购置成本的其他因素，一般来说变压器的经济负荷率在 60%~80%。从经济效益考虑，电站机组在运行发电时，其主变一般都处于经济负荷率的范围。受来水情况、设备状态及电力调度的影响，电站一般年均有累计数个月的停机状态，处于停机状态时主变为空载或接近空载，通过电站发电设备的年均利用小时，计算主变空载率，可

以反映因机组停机造成的主变空载损耗对输出工程损耗的影响程度,主变空载率用下式表示

$$主变空载率 = \frac{365 - 年均利用小时/24}{365} \times 100\% \qquad (5.58)$$

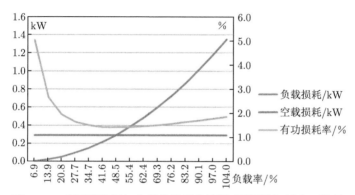

图 5-13　变压器损耗与负载率关系曲线图 (彩图请扫封底二维码)

3) 输出线路损耗率指标

电站在输出电力线路上的电能损耗评估指标为电力线路的线损率 (%),计算公式为

$$\Delta A_L\% = \frac{\Delta A_L}{A_L} \times 100\% \qquad (5.59)$$

式中:ΔA_L 为电力线路理论损耗电量;A_L 为通过电力线路的电量。

电力线路的损耗与线路导线型号、线路长度、线路功率因数等有关。

4) 功率因数指标

输出工程在变压器和线路上的损耗可根据均方根电流法计算,根据式 (5.37) 可得,均方根电流与发电有功功率和无功功率有关,即无功电量会造成电流的增加而产生有功损耗。无功电量产生的损耗率指标可以用电站发电无功电量所引起的有功损耗电量占总损耗有功电量之比来表示

$$\Delta A_Q\% = \frac{\Delta A_Q}{\Delta A} \times 100\% \qquad (5.60)$$

式中:ΔA_Q 为等于电站年损耗电量与无功优化补偿后的年损耗电量之差;ΔA 为电站年损耗电量。

按照指标筛选原则与计算方法对上述电能损耗评估常用指标进行适用性分析后,提出农村小水电输出工程电能损耗评估指标体系,共由 4 个评价指标构成,具体如表 5-4 所示。农村小水电输出工程电能损耗评估指标体系的状态层为评价对象的电能损耗状态如表 5-5 所示,分为 5 级:高、较高、一般、较低、低。根

据相关标准，变压器损耗水平由型号中的性能水平代号，即型号系列表示，同系列的变压器额定损耗功率相同。不同型号系列的变压器指标赋分见表 5-6。

表 5-4　农村小水电输出工程电能损耗评估指标体系

状态层	指标层
农村小水电输出工程电能损耗	变压器损耗率 主变空载率 输出线路损耗率 功率因数

表 5-5　农村小水电输出工程电能损耗评估分级表

等级	类别	赋分范围
1	高	8~10
2	较高	6~7
3	一般	4~5
4	较低	2~3
5	低	0~1

表 5-6　变压器型号系列指标赋分表

评价指标	电能损耗等级				
	高	较高	一般	较低	低
变压器型号系列	S_7 及以前	S_8，S_9	S_{10}	S_{11}	S_{13} 及以后

根据全国农村水电统计年鉴，2015 年全国农村水电站发电设备年均利用小时为 3101h，90% 的电站在 1000~5000h，依此范围根据式 (5.58) 计算主变空载率指标赋分，如表 5-7 所示。

表 5-7　主变空载率指标赋分表

评价指标	电能损耗等级				
	高	较高	一般	较低	低
主变空载率%	$\geqslant 77.3$	(72.3, 71.6]	(71.6, 65.9]	(65.9, 54.3)	$\leqslant 54.3$

输出线路电能损耗值与线路导线电阻呈正比关系，电阻与导线型号 (截面积、电阻率) 及线路长度相关，由于线路长度取决于电站所处地理位置，因此输出线路损耗率指标以线路导线在电站额定输出功率时的电流密度赋分。输出线路导线截面需要综合考虑技术及经济效益，按我国现行的经济电流密度，输出线路损耗率指标赋分见表 5-8。

表 5-8　输出线路损耗率指标赋分表

评价指标	电能损耗等级				
	高	较高	一般	较低	低
导线电流密度/(A/mm²)	>1.7	[1.7, 1.5)	[1.5, 1.3)	[1.3, 1.0)	$\leqslant 1.0$

功率因数反映了无功电量的大小，无功电量引起有功损耗的增加，改善功率因数的经济分析表明，改善到 0.9 是合算的，所以出于经济运行和电网对电站输出功率因数的要求，农村小水电输出工程的运行功率因数一般在 0.8~0.9，而小于 0.75 则电站输出工程为无功补偿不足。以功率因数等于 0.9 的输出功率为基准，根据式 (5.37) 可得功率因数对损耗功率的增加比例，作为功率因数指标赋分等级划分计算因数，如表 5-9 所示。

表 5-9 功率因数指标赋分表

评价指标	电能损耗等级				
	高	较高	一般	较低	低
功率因数	<0.78	[0.78, 0.80)	[0.80, 0.83)	[0.84, 0.86)	$\geqslant 0.86$

5.1.7 电能损耗评估模型与评估方法

1. 评估模型

由于农村小水电输出工程电能损耗指标体系中每一单项指标均是从某一个侧面反映系统的损耗程度，为全面反映电能损耗的总体状况，需将各指标整合以进行综合评价。

农村小水电输出工程电能损耗评估模型如下：

$$R = W \times S \tag{5.61}$$

式中：R 为电能损耗最终评估结果；$W=(w_1, w_2, w_3, w_4)$ 为 4 个评价指标的综合权重；$S=(S_1, S_2, S_3, S_4)$ 为 4 个单项指标的数据向量。

2. 评估模型权重计算

对于分层多指标评估问题，科学确定不同指标以及不同层级间的权重尤为重要。

按照权重的生成方式，权重确定方法可以分为主观赋权法和客观赋权法。主观赋权法由评价者直接给出指标的相对重要程度，权重的确定一般和评价者对事物的认知程度密切相关，与指标之值不存在直接函数关系。主观赋权法的再现能力较差。客观赋权法是通过分析指标值的内部数值特征，用函数来表现它们之间的相对重要程度关系，根据约束条件，"自动"生成权值。在方法确定的前提下，权重生成过程不受人为因素影响，再现生成能力好。客观赋权法的生成方法实际上是一种"伴随生成权"，是一种机械的权重生成方法，这种权重只反映数值特征，与人们认识的指标重要性有一定的区别。因此，无论是主观赋权法还是客观赋权法，其确定的权重都存在一定的不合理之处，主观赋权法主要依靠专家的主观判断，这与人员的知识结构、判断水平及个人偏好等许多主观因素有关，客观赋权法则纯粹是指标数值的机械计算，在某种情况下甚至会出现荒谬的结果。因此，兼顾主观和客观、定性与定量相结合的赋权方法是目前较为理想的方法，也是未来发展的趋势。其中，采取专家咨询法与熵权法相结合是这类方法的一个代表。

为体现结果的客观性，这里采用输出工程熵权法计算输出工程主要电气设备损耗的权重，使用熵权法确定权重主要有以下 3 个步骤：

1) 原始数据矩阵进行标准化

设 m 个评价指标，n 个评价对象得到的原始数据矩阵为

$$X = \begin{bmatrix} x_{11} & x_{12} & \cdots & x_{1n} \\ x_{21} & x_{22} & \cdots & x_{2n} \\ \vdots & \vdots & & \vdots \\ x_{m1} & x_{m2} & \cdots & x_{mn} \end{bmatrix} \tag{5.62}$$

对该矩阵标准化得到

$$R = (r_{ij})_{m \times n} \tag{5.63}$$

式中：r_{ij} 为第 j 个评价对象在第 i 个评价指标上的标准值，$f_{ij} \cdot \ln f_{ij} = 0$。其中对大者为优的收益性指标而言，有

$$r_{ij} = \frac{x_{ij} - \min_j\{x_{ij}\}}{\max_j\{x_{ij}\} - \min_j\{x_{ij}\}} \tag{5.64}$$

而对小者为优的成本性指标而言，有

$$r_{ij} = \frac{\max_j\{x_{ij}\} - x_{ij}}{\max_j\{x_{ij}\} - \min_j\{x_{ij}\}} \tag{5.65}$$

2) 定义熵

在有 m 个指标，n 个评价对象的评估问题中，第 i 个指标的熵的定义为

$$H_i = -k \sum_{j=1}^{n} f_{ij} \cdot \ln f_{ij}, \quad i = 1, 2, \cdots, m \tag{5.66}$$

式中：$f_{ij} = r_{ij} / \sum_{j=1}^{n} r_{ij}$，$k = 1/\ln n$，当 $f_{ij} = 0$ 时，令 $f_{ij} \cdot \ln f_{ij} = 0$。

3) 定义熵权

定义了第 i 个指标的熵之后，可得到第 i 个指标的熵权定义，即

$$w_i = \frac{1 - H_i}{m - \sum_{i=1}^{m} H_i} \tag{5.67}$$

其中 $0 \leqslant w_i \leqslant 1$, $\sum_{i=1}^{m} w_i = 1$。

表 5-10 为某水电站输出工程电能损耗权重计算结果。需要说明的是，熵权并不是表示决策评估问题中某指标实际意义上的重要性系数，而是在给定评价对象集后各种评价指标确定的情况下，各指标在竞争意义上的相对激烈程度。从信息角度考虑，它代表该指标在该问题上提供有效信息量的多寡程度。

表 5-10 电能损耗权重计算结果

权重	变压器型号系列	主变空载率	线路损耗率	无功影响损耗率
熵权 w_i	0.124	0.281	0.198	0.397

5.1.8 损耗评估案例

基于构建的模型及选定的评估方法，对部分电站进行了电能损耗计算评估。具体评价结果见表 5-11。

根据实例计算结果 (实例计算见 5.3 节)，损耗评估客观反映了电站输出工程在主要电气设备上的电能损耗率。如表 5-14 中序号 6 计算的损耗率为 3.4%，评价结果为较高，因该电站的主变为 S_7 系列，所以具有较大的降损空间。表 5-14 中序号 12 计算的损耗率为 6.7%，评价结果为低，因该电站输出线路较长 (10km)，导线截面符合规程要求，其主变为 S_{13} 系列，所以不具备降损空间。

表 5-11 农村小水电输出工程电能损耗示例电站计算

序号	电站	变压器型号系列	主变空载率/%	线路损耗率/%	无功影响损耗率/%	电能损耗评分	电能损耗等级
1	电站 1	0.0245	0.7106	0.1180	0.0147	3.5591	较低
2	电站 2	0.0068	0.7446	0.7189	0.0385	3.3490	较低
3	电站 3	0.0074	0.6476	0.1052	0.0000	2.4560	较低
4	电站 4	0.0089	0.5644	0.3730	0.0000	0.8114	低
5	电站 5	0.0176	0.7547	0.4355	0.0398	3.2275	较低
6	电站 6	0.0334	0.8410	0.0635	0.0323	7.6182	较高
7	电站 7	0.0210	0.6187	0.2366	0.0672	2.6232	较低
8	电站 8	0.0079	0.6602	0.3774	0.0001	1.6227	低
9	电站 9	0.0158	0.4581	0.6950	0.0013	3.6444	较低
10	电站 10	0.0314	0.7162	0.6135	0.1518	5.9393	一般
11	电站 11	0.0298	0.8767	0.2979	0.0510	5.0767	一般
12	电站 12	0.0088	0.4276	0.8807	0.0211	1.1857	低

5.2 电能损耗计算系统研发

开发一个用户界面友好、实现容易、操作方便直观，适用于农村小水电输出工程线损理论计算的软件系统，为农村小水电输出工程的电能损耗计算分析以及降损管理提供决策支持。

5.2.1　系统设计要求

(1) 系统主要用于农村小水电输出工程电气设备线损理论计算以及降损技术措施分析；

(2) 系统的线损理论计算方法采用均方根电流法；

(3) 系统应具有的原始数据的输入及运行功能，具有较广泛的适用性；

(4) 系统应用数据库技术进行管理，并配有标准参数库；

(5) 系统输入数据采用有名值，节点参数用有功、无功、电压实际值 (或额定值)；

(6) 系统能对计算数据进行检错，并作出相应处理；

(7) 系统能通过屏幕监视整个数据输入过程及电能损耗计算过程，并可随时进行干预。

5.2.2　系统功能规划设计

1) 数据管理维护功能

本功能实现数据的查询、输入、修改和删除操作。可按规定数据格式制作导入参数 xls 文件，然后一次性导入所有数据。能够检查输入系统的电气元件参数和运行参数是否缺失，如果有缺失，提示要求补充。可通过输入参数查询所选范围的数据记录。对部分数据实现批量删除操作。

2) 线路图形绘制功能

本功能实现线路拓扑图的绘制。根据已输入的线路、电站和用电户等数据记录，绘制某条线路的拓扑图，在线路拓扑图上标注各段线路的导线型号及长度，及接入线路的电站机组台数和容量、变压器台数和容量以及用电户配变容量。实现可视化查询，并核对输入数据的正确性。

3) 理论线损计算功能

系统提供均方根电流法计算理论损耗，可完成各主变和厂用变、用电户配变以及线路单元的电能损耗计算，同时用户可自行设定温度等对理论线损计算的影响。既能根据实际电网的运行数据计算电能损耗，又能进行各种模拟仿真计算。

4) 输出及汇总功能

系统可根据输入的线路编号和时间范围将包括各电站主变和厂用变、用电户配变以及线路的损耗计算结果以表格或曲线的方式显示，并可打印输出。

5) 辅助线损分析功能

线损的分析主要包括线损构成分析、线损对比分析及不同设备的线损分析，一个优秀的统计分析能为降损方案设计提供有效的、智能化的决策支持。系统提供理论线损分析功能，如对理论线损计算结果与统计或经验值作比较；分析计算结果的合理性；分析变压器铜损、铁损、导线损耗等的占比，分析线损的异常情况，查找原因，找出线损中的重点部分；在改变运行数据下，分析线损的变化情况；针对降损技术措施，进行仿真计算，检验降损方案的可行性和经济性等。系统提供包括改变线路导线型号、将高损耗变压器替换为低损耗变压器、无功补偿及综合上述三种情况下的输出工程的线损变化情况，为系统降损改造提供依据。

5.2.3 系统模型设计

系统模型设计包括网络结构模型、网络拓扑数据模型、网络视图模型等：

1) 网络结构模型设计

电网拓扑结构是多叉树或图结构，必须通过一定的方式描述发电机、变压器、导线等元件间的逻辑关系。需建立能够被计算机直接识别和处理的数据结构，描述农村小水电输出工程的电网结构模型。

2) 网络拓扑数据模型设计

电网结构数据模型用于存储电气元件的逻辑关系，元件电气参数和运行参数的数据模型用于存储元件电气参数和运行参数。在线损计算时，系统要调用这些模型。

3) 网络视图模型设计

网络拓扑结构应能使计算机方便识别和处理，并可以图形的方式显示输出工程各元件的逻辑关系，便于用户核对。

5.2.4 数据库设计

线损理论计算系统牵涉以下方面数据：电气网络拓扑数据、电气设备数据、电网实时运行数据 (电站输出以及负荷数据)、中间计算及结果数据、标准数据以及其他厂用电率等。

1) 电气网络拓扑数据

电气网络拓扑就是要建立各电气设备之间的连接关系，包括水电站发电机组—变压器—电力线路的连接关系、用电户配变—电力线路的连接关系、输配电线路之间的连接关系等。

2) 电气设备数据

电气设备数据包括发电机特性数据 (容量、端电压等)、线路特性数据 (型号、长度等)、变压器特性数据 (型号、容量、额定电压、特性参数等)、配电线路、配电变压器等数据表。设置节点参数表：将每段线路的首端节点号和末端节点号从小到大按序排列，每段线路的数据认为是存储在支路末端节点号中。

3) 电网实时运行数据

电网实时运行数据包括：计算所需的各计量点每个时段的电流、电压、有功功率、无功功率信息等。每条配电线路各计算时段有功、无功供电量及配变的用电量等数据。

4) 标准数据

标准数据包括常用的各型号线路参数、常用型号变压器参数、电压等级。

5.2.5　线损计算流程设计

(1) 确定电能损耗计算对象；

(2) 绘制每个电站及其输出工程的电气接线图；

(3) 输入变压器、线路等电气设备参数；

(4) 设置模块：设置主干线，每个分支线为一个模块，作出编号；

(5) 输入计算模块，设置初始参数；

(6) 向系统发出线损计算请求；

(7) 提示用户进行参数检查，返回检查错误信息；

(8) 用户输入元件运行参数；

(9) 系统对计算线损所需的元件运行参数是否完备进行检查；

(10) 系统向用户返回运行参数检查结果；

(11) 执行开始线损计算请求；

(12) 系统计算所选模块的运算功率或运算负荷；

(13) 系统保存运算功率或运算负荷计算结果；

(14) 重复计算多个模块的运算功率或运算负荷 (若有多个模块的话)，系统以向导方式逐步提示完成全网的潮流计算；

(15) 系统检查所有网络的潮流分布图，确定已经求出各元件通过的功率和各节点的电压；

(16) 调用 "开始计算" 功能，提示开始理论线损、输送电量计算、线损率计算；

(17) 系统提示完成理论损耗计算；

(18) 用户发出请求，查看损耗计算结果；

(19) 系统输出理论损耗计算结果。

5.2.6　界面设计

包括软件登录界面设计、数据查询维护界面设计、数据校核界面设计、损耗率计算界面设计、系统管理界面设计、系统报表等输出界面设计、线损统计分析界面设计等。图 5-14 为开发的系统界面图。

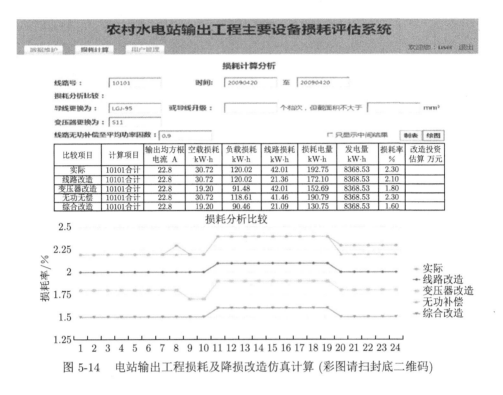

图 5-14 电站输出工程损耗及降损改造仿真计算 (彩图请扫封底二维码)

5.3 输出工程主要电气设备损耗评估分析及降损技术

5.3.1 主要电气设备损耗分析评估

1. 基础数据

收集了浙江省 13 座小水电站的运行数据和包括主变、线路的输出工程资料，并以收集的电站数据进行输出工程主要电气设备的损耗计算和降损仿真计算。13 座电站的装机容量和主变、线路情况如表 5-12 所示。

根据电站实际情况，收集电站在丰水年、枯水年和平水年三年的运行数据。部分数据不完整的电站以代表日的方式来表示电站在丰、枯、平三年的运行情况，根据出力和运行时间的不同，归纳了 7 类运行方式 (如表 5-13 所示) 作为计算代表日。收集的电站机组运行参数包括：整点机组输出电压、电流及功率因数等。

2. 工程实例理论损耗计算分析

计算结果见表 5-14。

电站输出工程主要电气设备 (变压器、线路) 的损耗占比如表 5-15 所示。从计算结果可得，13 座电站的 12 条输出线路中，平均损耗率为 2.3%，最低的电站损耗率为 0.8%，最高的电站为 6.7%，低于平均损耗率的有 3 条线路。平均线路损耗占输出损耗的 64%，变压器占 36%。平均输出线路长度为 8.5km。

表 5-12　电站装机容量和主变、线路情况表

序号	电站名称	容量	主变型号、台数	导线型号	输出线路长度
1	电站 1	4×100kW	S7-250/10，2 台	10kV LGJ-50	1.726km
2	电站 2	2×20000kW	S9-50000/110，1 台	110kV LGJ-185	48.42km
3	电站 3	2×5000kW 2×2000kW	S9-6300/35，2 台 S9-8000/35，1 台	35kV LGJ-240	0.931km
4	电站 4	3×630kW	S11-2500/35，1 台	35kV LGJ-35、 LGJ-95、 LGJX-95/15 分三段	6.27km
5	电站 5	2×320kW	S9-800/10，1 台	10kV LGJ-50	3.5km
6	电站 6	2×125kW	S7-315/10，1 台	10kV LGJ-50	1.98km
7	电站 7	4×75kW	S7-200/10，1 台 S9-250/10，1 台	10kV LGJ-50	4.2km
8	电站 8	2×3200 kW 1×400 kW	S10-8000/35，1 台 S10-500/10，1 台	35kV LGJX-120/20	7.8km
9	电站 9	1×320 kW 2×630 kW	SJ1-750/10，1 台 S7-800/10，1 台 S9-800/10，1 台	10kV LGJ-70	7.9km
10	电站 10	2×630 kW	SJ1-1600/10，1 台	10kV LGJ-95	7.5km
11	电站 11	1×320 kW 1×630 kW	S7-400/10，1 台 S9-800/10，1 台	10kV LGJ-50	1.73km+0.1km
12	电站 12	1×250kW	S9-315/10，1 台	10kV LGJ-50	0.47km
13	电站 13	2×900 kW 1×400 kW	S13-1250/10，1 台 S13-1250/10，1 台 S13-500/10，1 台	10kV LGJ-95	10km

表 5-13　电站不同来水年份的代表日分类

序号	日运行方式	备注
1	100%出力 (24h 连续运行)	发电机组输出功率 ≥80%额定值
2	50%出力 (24h 连续运行)	发电机组输出功率 <80%额定值
3	顶峰发电 (100%出力)	发电时间在 8:00 至 22:00
4	顶峰发电 (50%出力)	
5	间歇性发电 (100%出力)	一天发若干小时
6	间歇性发电 (50%出力)	
7	间歇性发电 (<50%出力)	
8	停机	—

表 5-14 电站输出工程年损耗

序号	电站	变压器空载损耗/(kW·h)	变压器负荷损耗/(kW·h)	线路损耗/(kW·h)	损耗电量/(kW·h)	发电量/(kW·h)	损耗率/%
1	电站 1	10629	14219	3323	28172	1013940	2.8
2	电站 2	387638	220356	1554599	2162593	89483177	2.4
3	电站 3	168398	153070	37802	359270	43216033	0.8
4	电站 4	24528	39603	38155	102285	7212363	1.4
5	电站 5	10608	13558	18640	42806	1375557	3.1
6	电站 6	6725	4903	788	12415	348231	3.6
7	电站 7	9508	11493	6510	27511	1002093	2.7
8	电站 8	82570	76553	96462	255585	20243456	1.3
9	电站 9	56064	62788	270808	389660	7500432	5.2
10	电站 10	56064	42425	106108	172956	3132981	5.5
11	电站 11	24528	14135	16404	55066	1296029	4.2
12	电站 12	31217	65728	654574	743215	11030166	6.7

表 5-15 结果表明,因电站主要输出设备 (变压器和线路) 的差异,电站电能输出损耗的占比有较大的不同。

表 5-15 电站输出工程各类损耗占比

序号	电站	空载损耗	负荷损耗	线路损耗	损耗率
1	电站 1	37.7%	50.5%	11.8%	2.8%
2	电站 2	17.9%	10.2%	71.9%	2.4%
3	电站 3	46.9%	42.6%	10.5%	0.8%
4	电站 4	24.0%	38.7%	37.3%	1.4%
5	电站 5	24.8%	31.7%	43.5%	3.1%
6	电站 6	54.2%	39.5%	6.3%	3.6%
7	电站 7	34.6%	41.8%	23.7%	2.7%
8	电站 8	32.3%	30.0%	37.7%	1.3%
9	电站 9	14.4%	16.1%	69.5%	5.2%
10	电站 10	32.4%	24.5%	61.3%	5.5%
11	电站 11	44.5%	25.7%	29.8%	4.2%
12	电站 12	4.2%	8.8%	88.1%	6.7%
	平均	20.0%	16.5%	64.4%	2.3%

根据计算可得,实例电站输出工程的电能损耗主要由线路产生,在线路上消耗的电能为在变压器上消耗电能的近 2 倍。采用新型节能变压器可有效降低电站输出工程的电能损耗。

3. 工程实例降损措施分析

对实例电站的输出工程损耗进行仿真降损计算,计算各电站输出工程通过线路改造、变压器改造和无功补偿可减少的损耗电量及改造后的年均损耗率,其中线路改造是通过调整输出导线的型号,增大导线截面,减少线路电阻;变压器改造是以 13 系列变压器替换原变压器;无功补偿是对原电站机组输出功率因数小于 0.9 的整点输出电流进行调整, 在保持电站机组的输出有功不变的情况下, 按功率因数调整到 0.9 计算输出电流。所得结果如表 5-16 所示。

实例仿真降损计算结果表明: 通过降损改造, 13 座电站的年损耗电量可从 435.2 万 kW·h 降低到 339.4 万 kW·h, 平均每年减少 95.8 万 kW·h。

分析表 5-16 结果, 还可发现线路改造可实现的降损电量最大, 占总降损电量的 77%, 其中电站 2 和电站 12 的输出线路长, 线路改造的降损效果明显。但由于线路改造的投资大, 改造的经济效益较差。变压器改造可实现的降损电量占总降损电量的 19%。13 座电站中 7 座电站的主变型号为 7 系列或更早型号变压器, 这些变压器不仅损耗大, 其运行年限也超过 20 年, 属目前国家明令淘汰产品。通过无功补偿, 即提高发电机组运行功率因数, 可实现的降损电量占总降损电量的 14%。分析电站运行记录, 这 13 座电站机组运行的功率因数大多数接近或超过 0.9, 所以这项降损措施的降损比例最低。

表 5-16　电站输出工程降损改造计算结果表

序号	电站	损耗电量 /(kW·h)	损耗率/%	仿真计算可降低的损耗电量/(kW·h)				降损改造后的损耗率/%
				线路改造	变压器改造	无功补偿	综合	
1	电站 1	28172	2.8	—	9192	413	9523	1.8
2	电站 2	2162593	2.4	347696	2745	83343	349762	2.0
3	电站 3	359270	0.8	—	57614	—	57614	0.7
4	电站 4	102285	1.4	15899	3126	—	19025	1.2
5	电站 5	42806	3.1	—	4730	1704	6396	2.6
6	电站 6	12415	3.6	—	5040	401	5358	2.0
7	电站 7	27511	2.7	—	7331	1850	8968	1.9
8	电站 8	255585	1.3	—	21082	25	21107	1.2
9	电站 9	389660	5.2	111816	22526	517	134672	3.4
10	电站 10	172956	5.5	19261	33244	26254	72905	3.2
11	电站 11	55066	4.2	8056	13914	2807	23901	2.4
12	电站 12	743215	6.7	238018	—	15666	248505	4.5
	合计	4351534	2.3	740746	180544	132980	957736	1.8

注: 表中降低损耗电量为空的栏, 表示在仿真计算中未考虑对应降损措施。

5.3.2　主要电气设备降损技术措施

研究电网电能损耗理论计算的最终目的是追求达到更低的输出损耗率, 希望通过理论计算掌握电气设备的实际运行电能损耗的真实情况。综合实践及理论研究成果, 提出适用于农村小水电输出工程降损的主要技术措施如下。

(1) 合理设备选型。如选择低损耗的变压器, 淘汰损耗高的变压器。

(2) 改造电力线路。对过载或重载线路, 在经济条件允许的情况下, 对输出线路进行改造, 使线路的经济电流密度符合规程要求。

(3) 提高线路的功率因数。在运行条件允许的情况下, 提高发电机输出的功率因数; 输出线路采取无功补偿措施, 提高线路功率因数, 从而降低线路电压损耗和线路电能损耗。

(4) 适时调整变压器运行方式。变压器运行要避免 "大马拉小车" 现象，若运行在轻载状态下，投入一台容量较小的变压器，当一台变压器所带负荷超过其临界功率时，应及时安排两台或多台主变并列运行，一方面可以增加变压器的输送容量，另一方面也可降低变压器的电能损耗。

(5) 开展负荷需求侧管理。如对用电负荷开展分时错峰管理，在早晚高峰损耗率高的时间节点，通过管理或经济手段把用电负荷分时错峰管理，能实现较高的经济效益。

5.4 农村小水电配电网损耗测量和电网节能技术

5.4.1 农村小水电配电网损耗测量技术现状

农村小水电配电网是用于电力分配的网络，包括配电线路、电力变压器 (变电站主变、高压电力用户的专用变压器和低压电力用户的公用变压器和低压线路)、电气开关设备 (断路器、熔断器、刀闸等)、电气测量仪表 (电能计量装置等)、无功补偿设备 (如移相电容器、调相机等)、继电保护装备等元件。农村小水电网中除农村水电站和电力用户的用电设备和器具以及与上级电网的联络输电线路之外，具有输送和分配电能功能的所有电气设备 (含各种电压等级的设备、设施) 按照一定规则所连接组成的网络就是农村小水电配电网。农村小水电配电网电压等级一般为 10(6.3)kV 和 220V/380V。

1. 配电网电能损耗

从水电站发出的或从上级电网购入的电能，在配电网输送、变压、配电及营销各环节所造成的电能损耗，称为配电网电能损耗，也称为线损电量。即电能损耗是输入配电网的电能量 (供电量) 与电力用户用电时所消耗的电能量 (售电量) 之差。电能损耗按其自然属性可分为两类：一是由配电网各元件的技术性能状况、配电网结构与布局的合理程度、配电网的运行状况与方式是否经济合理等因素构成。这类损耗称为配电网的技术损耗或物理损耗，可根据相关参数，通过理论计算获得，也称为理论损耗。技术损耗主要包括由电阻阻抗以及励磁涡流磁阻等产生的损耗，最终主要以热能的方式散失到电网元件的周围空间和介质中。也就是说技术损耗是电网固有的自然物理现象。因此，配电网的技术损耗虽然可以降低，但却是不可避免的损耗；二是由配电网管理企业在包括生产运行管理、设备设施管理、电能计量管理、用电管理等管理工作上的原因造成的损耗，这种损耗称为管理损耗。管理损耗主要包括因计量误差、抄表误差 (漏抄、错抄、错算等)、带电设备因绝缘不良引起的漏电、无表用电和窃电等造成的损失电量。管理损耗是由人为管理缺失所造成的现象，是不合理且可以避免的损失，即可以减少为零或接近零值。因此配电网管理企业只要采取适当和有效措施，就可以把电网电能损耗降低到合理的范围内。

2. 电能损耗率

损耗率是一个反映损耗电量占供电量比例的相对值，因此损耗率是表征配电网结构与布局是否合理，运行是否经济的一个重要参数，是供电企业的一项重要技术经济指标，反映了其经营管理和技术管理的水平。

统计损耗电量包括技术损耗电量和管理损耗电量，由于各地差异，技术损耗电量与用电负荷密度相关，即供电范围大且用电量较少的电网，其技术损耗率要大于供电范围小且用电量较大的电网，因此一般不能规定一个统一的标准来衡量和考核供电企业的损耗指标。通常用理论计算的方法得出技术损耗电量，在数据和计算准确的情况下，理论损耗电量应接近于技术损耗电量，如果统计损耗电量与理论损耗电量差值较大，则说明管理损耗电量过大，即表明在损耗管理工作中有需要改进的地方。

5.4.2 配电网损耗测量方法

配电网损耗测量是通过使用测量设备，采取合适的方法来获得配电网电能损耗的量值。电能损耗的测量大致可分为电量统计法和参数计算法两类。电量统计法就是用电能表测量设定范围内配电网各端口的电能值，该范围内的配电网电能损耗等于输入电能减去输出电能。电量统计法在测量时间统一和计量电能表准确的情况下，可以得到准确的电能损耗，即实际损耗电量；参数计算法是通过测量设定范围内配电网各节点的运行电参数值，根据该范围电网的拓扑参数，通过理论计算的方式，得到该范围内配电网的技术损耗。在测量准确和计算方法正确的情况下，所得技术损耗应等于配电网实际物理损耗值，通过与统计损耗值的比较分析，可找出具体损耗偏大的问题所在。

1. 电量统计法

用电能表测量配电网损耗电量，是电力企业进行损耗统计采取的主要方法。测量的基本要求如下。

(1) 设定测量范围。测量范围应有一个明确的边界，边界范围内仅包括电量输送元件，可以仅为一个电网元件，如变压器，或一个变电站，或一个配电网络，但不包括任何不计入损耗的用电器具或设备等。

(2) 测量范围的所有电量输入和输出端口都应装设电能计量装置。电能计量装置应满足精度等级要求，应尽可能使用相同精度等级的电能计量装置，且符合电能计量的检定要求。电能计量装置中的电压互感器和电流互感器的精度等级要高于电能表的精度等级。

(3) 统一抄表时间，即应同时抄录各个电能表的计量值。得到各个端口的输入和输出电量，则设定范围内的电能损耗等于输入电量减去输出电量。

图 5-15 所示为一条配电线路上电能表的安装位置示意图。通常在线路出口端装有关口计量表计，如图中 $\boxed{1}$，在各个配电变压器的低压出口端装有配变计量表计，如图中 $\boxed{2}$，各个低压用户装有计量表，如图中 $\boxed{3}$。图中 $\boxed{1}$ 和 $\boxed{2}$ 所包括的范围是 10kV 配电线路和配电变压器，该范围的电能损耗为输入电量减去各配变的输出电量，即 $\Delta A = A_1 - \Sigma A_2$。图中 $\boxed{2}$ 和 $\boxed{3}$ 所包括的范围是配变台区低压线路网，其总损耗为配变的输出电量减去各用户的用电量，即 $\Delta A = A_2 - \Sigma A_3$。

由于各个电能计量装置存在综合误差，包括电压/电流互感器、测量二次回路阻抗、电能表及测量系统所受到的干扰等因素引起的误差。在分析统计时，可通过延长测量时间，比较各周期的测量数据，根据实际情况，尽可能减少因测量误差引起的统计偏差。

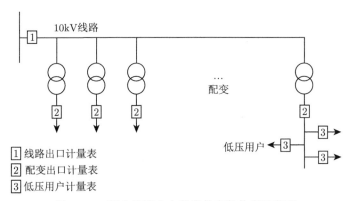

图 5-15　配电线路上电能表的安装位置示意图

统一抄表时间是减少测量误差的基本要求。应尽可能使用智能数字式电能表，通过测量前校准电能表的时钟，在抄表时读取电能表储存的整点冻结的电压、电流和电量数值，可以基本做到各个端口的电参数为同一个时刻的结果。如果人工抄表，则应统一各个电能表的抄表顺序，使各个电能表的抄表周期相同，减少因抄表时间不统一引起的误差。

用电能表实测损耗是供电和发电企业的日常工作，特别是大型企业尤其重要，由于供发电量大，如果电能损耗与正常值出现 0.1％的变化就可能产生数百万元的经济损失。对主要设备的定期损耗测量的主要目的：一是通过测量计算，与正常值进行比较分析，可以及时发现电能计量装置是否准确，以便及时采取措施，避免因计量造成的经济损耗；二是及时发现设备可能存在的问题。如对于一台变压器来说，其损耗值应在允许的偏差范围内，如果出现损耗偏差异常，在排除计量误差的情况下，很可能是因为设备内容出现异常而引起，应及时采取措施，消除缺陷，避免造成更大的经济损失。

2. 参数计算法

测量电网的运行参数并不直接反映配电网的电能损耗，需要通过理论计算的方法来得到电能损耗值。根据电能损耗理论计算方法，电网损耗的参数测量主要是测量并记录电网各元件在某个时间范围内包括电压和电流等的运行数据，通常选择一至四个代表日来进行测量计算。另外，在条件许可的情况下，也包括各元件的温度。

从图 5-16 所示某线路代表日负荷电流变化曲线 $I = f(t)$ 可见，由于负荷变化是随机的，因此难以用一个确定的函数计算出该线路代表日的损耗电量。所以参数计算法通过周期性的采集电参数信号来得到计算所需且能够反映负荷变化的信息。根据采集周期间隔时间的大小可分为两类，一是实时测量，二是近似测量。

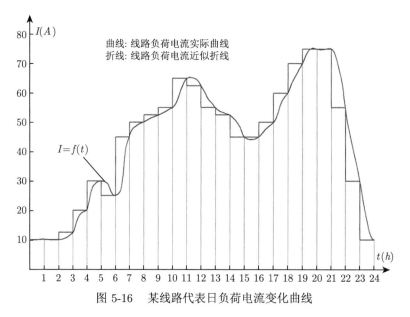

图 5-16 某线路代表日负荷电流变化曲线

实时测量采用专用的电量测量装置，记录测量时间范围内的各个电网元件的实时运行电参数，因其测量周期短，获得的数据信息接近实际配电网运行变化情况，可为理论损耗计算提供准确的计算参数。此类测量方法准确度高，测量结果准确地反映各个电网元件的实际运行情况，但成本较高，一般较少采用。

近似测量一般采用包括电能表等记录测量一个代表日的各个电网元件在整点时间的电流、电压和功率因数等。此类测量假设在各个整点时段内的负荷变化不大，其测量成本较低，得到的准确度一般可以满足计算要求，是常用的测量方法。

实时测量与近似测量的主要差异是测量周期时间间隔的差异，实时测量能够准确地反映负荷变化状况，而近似测量得到的是近似负荷变化曲线。测量间隔周期越小，则结果越接近实际负荷变化情况，但会带来数据成倍增长。Fluke1730 三相电能量记录仪可同时对三相电压、电流和功率进行实时测量并保存，其采样频率为 5120Hz，有功和视在功率测量不确定度为 1.2%，无功功率测量不确定度为 2.5%，在最小采样间隔周期为 1s 时，可持续记录 2.5 天。GF2015 中压无线电流监控记录仪可直接安装于中压 69kV 及以下三相电力线上，对负荷电流进行测量，并将测量值通过无线通信方式传输给数据抄读器，在最小采样间隔周期为 1min 时，可持续记录 10 天。

5.4.3 配电网损耗测量存在的问题剖析

1. 电量统计法测量的局限性

配电线路通常在出口端和用电用户进线端安装电能表，所以用电能表直接测量电能统计损耗是广泛采用的方法。在计量准确和统一抄表的前提下，可以获得准确的电能损耗值，但其结果反映的是测量范围内电网各元件的损耗总量，不能区分各个被测对象的损耗电量，也不能区分物理损耗和管理损耗的大小，难以分析造成损耗的原因，以采取有针对性的降损措施。

要得到某一电网范围内各个元件的损耗值，则需要对每个元件进行测量，图 5-15 所示的配电网中如果需要测量 10kV 线路和各配变的损耗电量，则需要在各台配变的高压侧增加一套计量表计，这在实际情况下实施有困难，因为高压计量实施成本高，对于农村小水电配电网的小容量变压器来说不具备经济可行性，国内外的实际情况是，只有大容量的变压器才会在变压器各端口装设电能计量装置。

2. 参数计算法局限性

使用专用测量设备对电网进行实时测量，其测量结果可以准确地反映电网运行的实际情况，通过计算得到电网各个元件的物理损耗电量，为降损措施提供技术依据。但对农村小水电配电网来说，其成本较高，实际实施有困难。常用的整点负荷参数测量法，假设在代表日各个整点时段内的负荷电流变化不大，在负荷电流变化大的情况下，存在一定的误差。

配电网元件的参数测量需要通过人工抄录或用专用系统自动抄录的方法记录测量数据，再通过计算得到结果，不宜长期进行，所以一般选 1~4 个代表日来进行测量计算代表日的损耗电量，再推算出某月 (季、年) 的损耗电量。参数测量的结果需要通过人工或软件计算才能得到损耗结果。即管理单位需要有掌握配电网理论损耗计算的技术人员。农村小水电配电网通常缺乏人力和物力来实施配电网损耗的测量和计算工作，损耗分析一般通过电量统计 (即直接测量) 和经验估算来进行。

5.4.4　电流积分法实时测量电网损耗

1. 电网损耗的理论计算方法

可通过理论计算的方法得到电能损耗，主要为因电阻和磁场作用引起的电能损耗，这些损耗可分为空载损耗和负荷损耗。

空载损耗与电网元件通过的电流无关，但与所施加的电压有关。因电压相对固定，也称为固定损耗。负荷损耗与电网元件中通过的负荷功率或电流的平方成正比，也称为可变损耗。

农村配电网中产生电能损耗的主要电网元件包括中低压配电线路、配电变压器，其他包括电容器、电能表和电压/电流互感器等产生的损耗占比极小 (一般小于总损耗的 1.5%)。另外，农村配电网电压等级为 10kV 及以下，35kV 很少，没有 110kV 配电线路，所以线路的电晕损耗可忽略不计。因此农村小水电配电网的损耗主要为中低压配电线路、变压器因电阻和磁场作用引起的空载和负荷损耗，其电能损耗可表示为

$$\Delta A = \int_0^T \left(3 \times I^2(t) \cdot R(t) + \left(\frac{U(t)}{U_e} \right)^2 P_0 \right) \mathrm{d}t \times 10^{-3} \qquad (5.68)$$

式中：ΔA 为损耗电量，kW·h；I 为负荷电流，A；R 为元件电阻；U 为元件运行电压，V；U_e 为元件额定电压，V；P_0 为变压器空载损耗功率，W。

配电网损耗的理论计算方法主要为均方根电流法，其他如平均电流法和等值电阻法等都基于均方根电流法推导得出，均方根电流法对配电网运行参数的测量要求是得到各元件的负荷曲线数据。根据规程规定，均方根电流等于代表日 24 个整点的平均电流的均方根，所以均方根电流的获取也归结于整点时刻的平均电流的获取。整点平均电流可根据实测获得，也可通过测量各整点平均有功功率、无功功率或有功电量、无功电量、电压等参数计算获得。这些运行电参数除有功电量和无功电量外，都需要通过专用电量测量设备测得。农村配电网因其自身经济能力，一般采用电能表抄录整点电流或有无功电量来获得代表日的均方根电流，代表日均方根电流可表示为

$$I_{jf} = \sqrt{\frac{\sum_{i=1}^{24} I_i^2}{24}} = \sqrt{\frac{\sum_{i=1}^{24} (A_{Pi}^2 + A_{Qi}^2)}{3 \times 24 U_p^2}} \, (\mathrm{A}) \qquad (5.69)$$

式中：I_{jf} 为均方根电流，A；I_i 为整点 i 平均电流，A；A_{Pi} 为整点有功电量，kW·h；A_{Qi} 为整点无功电量，kvar·h；U_p 为电压，kV。

设低压配电网通过一电阻等于 R 的线路向一用电负荷供电。为分析比较常用整点电流测量方法在不同负荷变化情况下所得结果的差异，假设在代表日的 3 个不同整点时间范围内负荷电流的变化情况如图 5-17 所示。

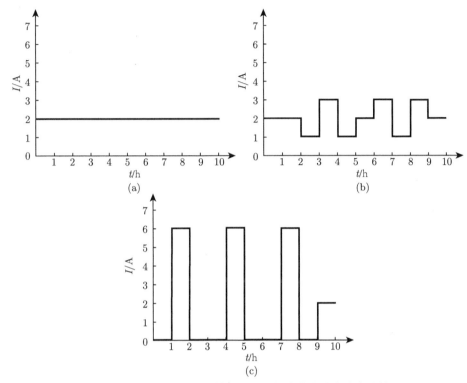

图 5-17　同个负荷在 3 个整点时间范围内的负荷电流变化情况

图 5-17 中的负荷电流变化假设在一个整点时间范围内平均分割的 10 个时段保持不变，这主要是为了简化分析计算过程，不影响下述分析结果。

负荷电流在 3 个整点时间范围内变化幅度不同，在整点 1 时段内负荷电流保持不变，等于 2A；在整点 2 时段内负荷电流变化幅度从 1A 至 3A 作小幅变化；在整点 3 时段内负荷电流变化幅度从 0A 至 6A 作大幅变化。为简化计算，设定负荷电压不变 (U_p=380V)，功率因数等于 1，三相负荷平衡。整点负荷的平均电流一般以整点负荷电流作为平均电流或通过整点功率计算得出平均电流。根据上述假设可得在 3 个整点的负荷平均电流都相等 (2A)。所以在电阻等于 R(2Ω) 的线路上损耗的电量也相等 (0.024kW·h)。而根据其按图示情况的电流值计算获得的在线路上的损耗电量分别为 0.067kW·h、0.028kW·h、0.024kW·h，其最大负荷变化情况下根据整点平均电流计算代表日均方根电流所得的线路损耗电量是其实际损耗电量的 3 倍左右，其误差与用电负荷变化大小相关，负荷电流随时间变化越大，误差也越大。如果某个选定代表日各整点负荷电流的变化同上述设定情况，则根据均方根计算得出的配电网损耗会存在较大误差。

负荷变化的发生概率与配电网的供电总负荷和用电器具数量相关。供电总负荷大，用电器具数量多，则总负荷电流随时间变化幅度相对较小，反之则变化幅度相对较大。而农村小水电配电网各台区的总负荷和用电户数相对于城镇配电台区来说较小。根据对示范区各台区负荷数据分析，最大负荷的发生时间与整点时刻最大负荷出现在同个小时内概率为 25%，最大负荷与相近整点时刻负荷之比的最大值超过 8 倍。因此获得准确的电流运行数据是计算农村小水电配电网损耗的关键因素。

2. 用电流积分计算配电网损耗

在电网运行过程中，其电压变化幅度不大，为简化起见，设各元件上的运行电压等于额定电压，各元件的电阻固定不变，可简化为

$$\Delta A = \int_0^T (3 \times I^2(t) \cdot R + P_0) \mathrm{d}t = 3R \int_0^T I^2(t) \mathrm{d}t + P_0 \cdot T \times 10^{-3} \tag{5.70}$$

如果能够测得配电网中配电变压器及线路负荷电流平方的时间积分值，则配电网的负荷损耗可以方便而准确地获得。某条 10kV 配电线路示意图如图 5-18 所示。

可得该配电网在 T 时间内的损耗电量为

$$
\begin{aligned}
\Delta A &= 3 \sum_{i=1}^2 R_i \int_0^T I_i^2(t) \mathrm{d}t + 3 \sum_{j=1}^3 (R_{tj} + R_{1j}) \int_0^T I_{tj}^2(t) \mathrm{d}t \\
&\quad + 3 \sum_{k=1}^2 R_{dzk} \int_0^T B_k^2 \cdot I_{tk}^2(t) \mathrm{d}t + \sum_{l=1}^3 P_{0l} \cdot T \\
&= 3 R_{dz} \int_0^T I_1^2(t) \mathrm{d}t + 3 \sum_{j=1}^3 (R_{tj} + R_{1j} + B_k^2 \cdot R_{dzk}) \int_0^T I_{tj}^2(t) \mathrm{d}t + \sum_{l=1}^3 P_{0l} \cdot T
\end{aligned}
\tag{5.71}
$$

式中：I_i、I_{tj} 分别为中压配电线路电流 I_1、I_2、I_{t1}、I_{t2}、I_{t3}，A；R_i、R_{tj}、R_{1j} 分别为中压配电线路段的导线电阻 R_1、R_2、R_{t1}、R_{t2}、R_{t3} 和配变折算到高压侧的绕组电阻 R_{11}、R_{12}、R_{13}，Ω；R_{dz} 表示线路主干部分折算到线路出口端的等值电阻，Ω；B_k 分别为配变高低压变比 B_1、B_2、B_3；R_{dzk} 分别代表配变台区低压电网折算到配变低压出口的等值电阻 R_{dz_1}、R_{dz_2}、R_{dz_3}，Ω；P_{0l} 分别为配变空载损耗功率 P_{01}、P_{02}、P_{03}，kW。

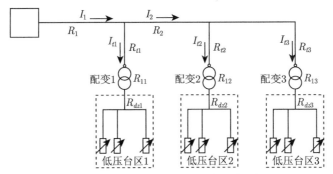

图 5-18　某 10kV 配电线路示意图

上式中 $\int_0^T I_1^2(t)\mathrm{d}t, \int_0^T I_{t1}^2(t)\mathrm{d}t, \int_0^T I_{t2}^2(t)\mathrm{d}t, \int_0^T I_{t3}^2(t)\mathrm{d}t$ 分别是线路出口端和三台配变高压侧电流平方在 T 时间的积分值。

测得农村配电网线路出口端和所有配变负荷电流平方的时间积分后，就可以方便准确地计算得到所测配电网的电能损耗。

电能表是计量电能的专用仪表，其应用范围广泛。为了计量收费和电量统计，供电企业会在配电线路出口端、各配电变压器以及各用电用户安装电能表。电能表的主要功能是电能计量，包括有功电量和无功电量。有功电量和无功电量的计量是电压、电流及功率因数相乘后对时间的积分值，所以用电能表实现电流平方的积分在技术上是可行的。其优点表现如下。

(1) 计量准确。电能是一种商品，电能表是这一商品交易中的重要计量器具。为了使电能交易公平公正，电能表都需经计量认证才能投入市场应用，所以要求电能表对电压和电流的测量准确，技术成熟。

(2) 经济可靠。电能表的使用历史悠久，供电和用电都离不开电能表。由于使用广泛，其成本与专用电能测量设备比较要低。同时其计量可靠性也因其广泛的应用特点可以得到保障。

从实际情况看，农村小水电配电网的配变都装有计量电能表，而随着数字电子技术的发展，智能电能表在农村配电网的使用也日益普及。智能电能表的数字化电能计量过程，为电流平方积分计量功能的实现提供了技术上的可行性。

5.5　新型电网节能表的开发

5.5.1　技术路线

电能表的基本功能是电量的测量和记录，其发展已有一百多年的历史。电能表的形式从早期的机械感应式、感应电子脉冲式到现在广泛应用的静止式电能表，其计量原理相同。现代多功能静止式电能表采用全数字电路和逻辑运算技术，可以实现多象限有功、无功和视在电能的测量，还可实现最大需量、预付费、复费率 (分时)、通信等功能，完成了原先需要多只计量表才能实现的工作，为实现电流平方的时间积分功能创造了条件。

节能电能表的开发技术路线就是在多功能静止式电能表电能测量的基础上进行二次开发来实现。开发的技术原则是增加的功能模块不影响原各项计量模块的正常运行。静止式电能表通过实时测量负荷的电压、电流，将所测得的电压和电流相乘后累加保存，其累计值即为电量值。节能表的开发技术路线是将实时测得的负荷电流自乘后与采样间隔时间相乘并保存，其累计值即为电流平方对时间的积分值。通过读取该积分值，与配电网线路等值电阻或变压器绕组等效电阻相乘，即可获得配电网线路和变压器的负荷损耗值。其主要优点表现在如下几个方面：

(1) 测量结果准确。节能电能表采用专用的电能计量芯片，电流平方的积分值与电能表的电量测量具有同等的准确度，避免了常用参数计算法的测量误差，如常用的代表日负荷曲线的前提是假设在一个小时内的电流变化相对不大，用整点时刻电流来代表一个整点时间内的平均电流值。

(2) 测量结果容易获得。电流平方的时间积分值按电量测量记录的方式进行记录保存，所以读取该值就同抄表一样方便，只要将本期抄见值减去上期抄见值，再乘以电网元件的等值电阻，即可获得相关抄表时间期间的该元件的负载损耗电量。

(3) 投入成本低。电能表作为电能计量的标准计量仪表，应用范围广，价格相对于专用的测量仪表来说较低，且因电能计量需要，在配电网各关口、台区出线端及各个用户都需要安装。基本不存在另外增加费用来实现电能损耗测量的情况。当前以智能芯片为核心的多功能电能表应用广泛，本项技术是在智能电能表内部程序的基础上，进行二次开发获得的，几乎不增加电能表的制造成本。

5.5.2　节能表系统硬件架构

新型节能电能表是基于多功能静止式电能表，通过二次开发实现的。多功能静止式电能表从结构上看，由电源单元、电能测量单元、中央处理单元、显示单元和输出及通信单元等组成，其相互关系如图 5-19 所示。

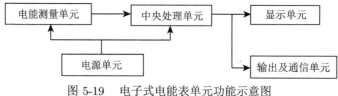

图 5-19　电子式电能表单元功能示意图

电源单元负责电能表的供电，其必须具备将交流高压转换成直流低压、与外界电网隔离、提供后备电池保证数据完整等功能。

电能测量单元负责电压和电流的采集测量、数据保存、电量积分计算等功能,其测量计算精度直接决定电能表的精度和准确度。

中央处理单元负责实现电量累加、最大需量计算、数据冻结、分时计量、计费计量、事件记录、显示驱动、输出与通信等功能。

显示单元负责显示电能表的电能、电压、电流、最大需量等数据,采用自动循环和人工按键两种工作模式。

输出及通信单元包括脉冲输出、远红外口、RS485 口等。电能表所测得的数据都可通过 RS485 通信实现,显示单元只显示了部分主要数据。

节能电能表采用专用电能计量芯片 ADE7858 实现电量的采集、计算和存储功能,ADE7858 内部集成了高精度模数转换 (ADC) 和专用数字信号处理器 (DSP),电压和电流信号分别通过电压互感器和电流互感器送入 ADE7858 的信号输入口,ADE7858 完成信号的采集、计算、失调补偿和存储。主控芯片 (MCU) 采用 STM32F100xC 系列芯片,节能电能表硬件构架如图 5-20 所示。

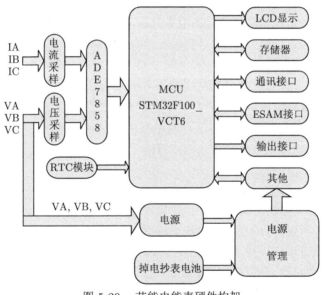

图 5-20 节能电能表硬件构架

5.5.3 软件系统设计

1. 软件编译环境

C 语言是一门通用计算机编程语言,应用广泛。C 语言提供了直接存储器操作的低级处理功能,汇编后的运行代码效率高,可生成不需要任何运行环境支持便能运行的编程语言。节能电能表 MCU 处理器运行程序采用 C+ 汇编嵌套。运行环境采用著名的 IAR Embedded Workbench for ARM version 5.4 版本编译环境，此环境包含一个全软件的模拟程序，有着效率高、界面友好等优点。

2. 软件模块

节能表 MCU 软件采用层次化、模块化结构设计，满足节能表的多功能应用需求。程序分三层结构：主控管理层、功能模块层和 I/O 接口层。I/O 接口层负责与各外设的通信连接，功能模块负责节能表各功能的实现，主控管理层应用部分主要有电能计量、需量测量、通信处理、显示驱动、事件记录、冻结转存、负荷记录等软件处理模块。

3. 电流平方积分计量

电流平方积分测量功能通过在电能计量模块中增加电流平方的积分计算功能来实现，实现过程通过定时从 ADE7858 读取电能数据，计算后分别存储供显示和外部读取数据用。另外，在显示模块中增加了电流平方积分值的显示功能。

ADE7858 的数据读取。MCU 中央处理芯片 STM32F100xC 通过 SPI 总线周期性地读取 ADE7858 寄存器中包括各相电流有效值、电压有效值、有功功率、无功功率及视在功率等的数据。

电流平方积分计算。节能表对电流平方的积分计量功能类似于电能计量的实现过程。MCU 将读取的各相电流有效值自乘后累加保存到内部累加寄存器中，当累加值达到阈值时，从内部累加寄存器中减去该阈值，同时在 32 位电流平方积分寄存器中增加一个基本单位数 (0.1AAH)。

5.5.4 电流平方积分值的应用

电流平方积分值的存储方式类似于电能表对有功、无功电量的操作，即以示值存储和显示。其值可通过节能电能表的循环显示方式获得，或通过通信方式读取。显示或读取的内容是各相电流平方的积分值，单位为 AAH，精确到小数点后一位。精度设置依据表的精度等级确定。在时间 A 读取的示值减去时间 B 读取的示值，即为从时间 A 至 B 时段所计量的电流平方的积分值。

通过节能电能表实现电流平方的积分计量功能，将电能损耗理论计算方法中随机变化的、对计算结果影响最大的电流运行参数进行了准确的测量，既节省了传统农村小水电配电网电能理论损耗的计算工作需要收集代表日负荷数据的工作量，也简化了计算工作，且准确度高。为供电企业在降损管理中掌握损耗组成，采取降损措施提供了一种简单准确的测量方法。

电流平方积分值的应用可在正常抄表时，同时抄录电流平方积分的示数。将本月的示数减去上月的示数，得本月电流平方积分值，再乘以配电变压器折算到二次侧的绕组等值电阻，则可得到该配变本月的负载损耗电量，将本月电流平方积分值乘以配变台区低压电网线路的等值电阻，可得配变台区低压电网的线路损耗电量。

采用电流平方累计计量功能测量电网元件的损耗，颠覆了传统测量方法，是配电网损耗测量技术的创新成果，为农村小水电配电网理论损耗计算提供了准确的测量数据。其创新点表现在将传统负荷曲线测量周期从 1h 减小到 1s，基本能够准确地反映实际负荷变化，极大地提高了测量的精确度。由于损耗结果还依赖于电网元件的电阻值，而电阻值会随环境温度变化，难以得到实际值，所以得到的电网元件电阻损耗的计算结果与实际损耗仍有差距，但要远高于传统测量方法所得结果。

5.6　新型漏电保护器的开发

通过技术措施，减少人畜因触电造成的伤害事故，是安全用电的重要工作内容。据统计，60%～70%的触电事故发生在低压电压等级 (380V/220V)。对于农村小水电配电网来说，因其低压配电线路覆盖范围广，存在灌溉排水等临时田间用电，其触电安全隐患要高于城镇配电网络。国家能源局印发的《农村电网改造升级技术原则》中明确要求：农村低压配电网应分级装设剩余电流动作保护装置，即漏电保护器。

课题组研发了一种专利漏电保护器专用集成块及其组成的多级漏电保护系统，通过对漏电信号的处理，达到在小漏电流时是反时限，在大漏电流时是定时限，既满足选择性要求又提高抗干扰性能，能满足快速型、S 型和延时型等不同漏电保护器的要求。

5.6.1　漏电保护器的工作原理

漏电保护器根据所检测的动作信号分为电流动作型和电压动作型。电流动作型由于不需要像电压动作型安装专用检测接地线，可安装在电源与用电设备之间，使用方便可靠，因而得到广泛应用。

电流动作型漏电保护器，即剩余电流动作保护装置通过零序电流互感器来检测用电设备端的接地电流，当接地电流大于设定值时自动跳闸切断电源，达到保护的目的。

在正常情况下，即用电设备及线路等无漏电现象时，无论是三相三线、三相四线或单相供电线路，各相与零线上电流的矢量和等于零，即 $\dot{I}_a + \dot{I}_b + \dot{I}_c + \dot{I}_0 = 0$。因此各相电流在零序电流互感器铁芯中产生的磁通的矢量和亦为零，这样零序电流互感器的二次电流为零，因而接在零序电流互感器二次回路中的控制部件无信号输入，此时漏电脱扣器不动作，漏电保护器主回路开关保持闭合位置，线路正常供电。

　　当用电设备及线路等有触电或漏电等接地故障时，这时穿过零序电流互感器的各相电流失衡，其矢量和不等于零 ($\dot{I}_a + \dot{I}_b + \dot{I}_c + \dot{I}_0 \neq 0$)，因此零序电流互感器中的磁通的矢量和也不等于零而在二次回路有零序电流输出，因而接在零序电流互感器二次回路中的控制部件有信号输入。当接地电流达到设定值时，控制部件输出动作信号，驱动脱扣机构动作，断开主回路开关，切断电源。

　　漏电保护器的一个重要指标就是动作时间，即漏电保护器收到零序电流信号到完成断开主回路开关的时间，一般为 30ms。即在人畜触电后尚未危及生命安全时能够断开电源，起到保护的作用。

5.6.2　农村配电台区漏电保护存在的问题

　　《农村电网改造升级技术原则》规定农村配电台区漏电保护应采用分级保护方式，但调查中发现有很多农村配电台区没有采用分级保护，或分级保护不完善。如安装在配变低压端的总保由于台区低压电网漏电流过大，总保难以投入运行；已安装的户保因用户内部线路或用电器具漏电而频繁动作，被用户拆除。

　　上述问题可通过下述方法得到解决。一是通过检测，排除线路和用电器具的漏电现象；二是在总保和户保之间安装二级漏电保护器，通过分级保护达到漏电保护的目的。

　　二级漏电保护器 (简称中保) 一般装设在配电台区低压主干线路的分支出线端，负责支线出线端至户保进线端线路和下接数个用户的漏电保护。中保在功能上的要求是，当漏电故障发生时，且户保因故障拒动，或漏电故障点位于中保和户保之间，这时中保应能动作起到保护作用。按其功能要求，中保的动作漏电流设定值略大于户保，但远小于总保的设定值，且具有一定的延时跳闸时间，使其动作时间略大于户保。

　　目前市场应用的中保大致可分为两类：一是在总保的基础上，通过适当简化内部结构而成。此类中保相对成本较高；二是在户保的基础上，增加漏电流设定部件和延时机构而成。上述两类中都采用电子式延时部件来设置动作延时时间，其存在的主要问题是当漏保电源侧出现零线断线的情况时，位于中保负荷侧的户保也将因电力供应中断而失去保护动作的功能。而此时相线上仍有电压存在，因此用电器具也同样有外加电压。此时会出现下述情况：

　　(1) 三相三线制的用电设备由于其不接零线，仍能正常使用。

　　(2) 三相四线制的用电设备，在三相负荷完全对称的情况下，即三相负荷的阻抗性质和大小完全相等，则该用电设备仍可运行。

　　(3) 三相四线制的单相用电器具设备，由于各相负荷的阻抗性质和大小在实际情况下的不平衡性，当出现零线断线的情况时，三相负荷中心点发生位移，造成三相电压不平衡。此时对于功率小、内阻大的负荷，其外加电压可能远超额定电

压 (在极端情况下会接近线电压)，轻则烧毁用电器具，重则引起火灾等事故；对于功率大而内阻小的负荷，其外加电压可能远低于额定电压 (极端情况下接近于零伏)，轻则使用电器具无法工作，重则也会烧毁用电器具 (因为电压过低，空调、冰箱和洗衣机等设备中的电动机无法起动，时间长了也会烧毁)。

三相四线制供电能够提供两种不同的电压，可以适应用户的不同需求，所以低压供电大多采用三相四线制供电。当出现零线断线的情况时，无论是上述能够运行的三相平衡负荷，还是可能会出现故障的不平衡三相负荷或单相负荷，由于线路上仍存在电压，都可能发生漏电故障。特别是上述第三种情况，由于故障引起用电器具损坏而使用户产生断电的假象，更可能发生因不规范维修检查而造成的触电事故。因此有必要研制在零线断线情况下，能够起到保护作用的漏电保护器。

5.6.3 分级漏电保护参数确定

新型漏电保护器是根据分级保护的要求开发的中级漏电保护器。分级保护是指：

安装在一条供电线路首端的总漏电保护器 (简称总保，目前习惯在分级保护中称为 1 级保护)；

安装在用户端的末级漏电保护器 (简称户保，目前习惯在分级保护中称为 3 级保护)；

安装在总保和户保之间的中级漏电保护器 (简称中保，目前习惯在分级保护中称为 2 级保护)。

中保根据实际情况可实行 1 级或多级保护。目前大多数情况中保只设 1 级，所以分级漏电保护一般称为三级漏电保护。

1. 分级漏电保护系统各级动作时间的确定

三级保护下，动作时间的要求满足选择性要求，即

$$s_1 > s_2 > s_3 \tag{5.72}$$

式中：s_1、s_2、s_3 分别为总保、中保、户保的动作时间。

漏电保护一般采用反时限特性，在电网发生大漏电时，上下级都会启动，这时依靠下级先动作切断漏电流，使上级保护返回不再跳闸，实现选择性保护动作的要求。这要求上下级保护动作有时间差。依 GB16916 漏电保护器动作时间的分挡，在大漏电 (>250mA) 时的级差为 0.2s，我国后改为 0.1s。根据调查分析和实际验证，可以精细化地缩小级差。

2. 分级漏电保护系统各级动作电流的确定

分级漏电保护系统中，中保的下一级是户保，上一级是总保，处在这两者之间，其漏电动作电流应当大于户保，且小于总保。根据 GB16916，漏电保护器动

作电流分挡为 10mA、30mA、50mA、100mA、300mA。目前我国户保一般选用 30mA，中级漏保就应选 50mA。分级漏电保护之前在成安县试点应用获得成果，根据试点结果，末级保护可以选用 15mA。之后在长春郊区的试点中证明末级户保选 15mA，中保选 30mA 是可行的。

分级漏电保护系统中，上级动作电流必须大于下级，不准有倒挂和重叠。这是极值法的考虑。但进一步用概率分析法考虑，这个规定可以突破。这里用一个实例来说明。设末级动作电流为 15～25mA(Δ=10)，中级动作电流为 20～30mA(Δ=10)。这样当漏电流小于 15mA 时末级正确跳闸。当大于 25mA 时上下级都肯定启动，但下级动作快，上级动作慢，会有选择性跳闸。中间有 20～25mA 的重叠区域。只有发生的漏电流落入这两级的重叠区 20～25mA(Δ=5) 时，才有可能出现末级不跳，中级跳闸这种越级跳闸的问题。需要满足三个条件：

(1) 漏电流恰落入该重叠区的概率为 P_1，估计为 0.032；

(2) 下级恰好不动作的概率为 P_2，估计为 0.5；

(3) 上级恰好不动作的概率为 P_3，估计为 0.5。

则出现丧失选择性失效的概率为 $P_0 = P_1 \times P_2 \times P_3 = 0.5 \times 0.5 \times 0.032 = 0.004 = 0.4\%$。

这是条件概率，即在已经发生故障下，出现越级的概率。根据调查统计，每户出现跳闸的概率小于每 5 年一次，则每户出现越级跳闸的概率为几百年一次。这是可以接受的。为此在用户公用电能表箱内将 30mA 挡改为 15～ 25(30−) 和 20～30(30+) 两挡，作为末级和中级保护分别使用是可行的。

目前我国已大量安装 30mA 的户保，在安徽省休宁县示范点内安装的户保也都选用了 30mA 的户保。所以本次示范研发的中级漏电保护器的漏电流选择 30mA。

5.6.4　专用漏电保护集成块的研发

我国农村小水电配电台区因各种干扰较多，漏电保护器容易发生误动作，影响用户的正常用电，采用分级漏电保护是降低误跳率，在保障用电安全的前提下，提高用电质量的有效措施。针对上述问题，研发了一种可在各级漏电保护器中使用的专用漏电保护集成块，达到在降低误跳率的同时，降低成本，提高级差精度。

采用正确的漏电流变化分布规律和漏电流数学模型，可以科学合理地设定漏电保护额定动作电流和动作时间值，使动作电流大大缩小，设定值分挡更加细化，提高了漏电保护器的灵敏度和安全性。经过对农村小水电配电台区的调查研究，分析故障漏电流分布规律，提出了漏电流信号处理的创新方式。

研发的专用集成块是针对多级漏电保护系统要求，采用对外围元件参数的改变来满足这一要求。每一级漏电保护中,每一个漏电流对应有一个动作时间,即特性曲线。由于受温度、元件误差及其他条件的影响,特性曲线上下包含误差区间。误差区间在不同级别保护中只要不重叠,并留下少量裕度就可满足选择性要求。专用集成块通过对漏电流信号采取创新性的处理方式,到达选择有限反时限特性,即随着漏电流的增大,动作延时减小,但当漏电流达到一定值后变成定时限特性,即动作延时不再随着漏电流的增大而变小。这样在小漏电流发生时,在安全条件允许下,通过延时提高电网的抗干扰能力,在大漏电流时是定时限延时,达到选择性要求。

通过对漏电保护器专用集成块和电路的改进,使漏电保护器的性能得到进一步完善和提高,图 5-21 为其原理图。具体优点体现在以下几方面。

(1) 动作时间可调。将原来集成在漏电保护器集成块内的延时电容器移到外围电路板上,这样可通过调节电容器,实现动作时间可调,提高漏电保护器灵活性。而且通过调节电容和电阻,使漏电保护器集成芯片在总保、中保、户保中可以通用,这样可提高漏电保护器集成块批量生产的能力,降低分摊成本。

(2) 提高级差精度。因为总保、中保和户保采用同一规格集成块,使各级漏电保护器温度漂移保持基本一致,因此总保、中保和户保的级差精度得到提高。

(3) 提高抗干扰性。户保增加微延时功能,能躲开在雷击或家电启动产生的瞬间干扰,减少误动跳闸。而且可以使大用电户在户保上再实现分级保护,提高用户的用电安全性和可靠性。采用高性能可控硅,提高漏电保护器抗电磁干扰性能。

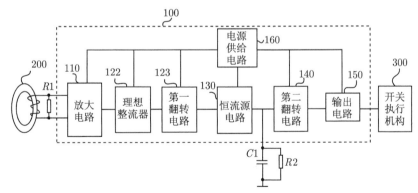

图 5-21 漏电保护器专用集成块原理图

漏电保护器专用集成块通过对漏电信号的创新性处理,达到在小漏电流时是反时限,在大漏电流时是定时限,既满足选择性要求又提高抗干扰,能满足快速型、S 型和延时型等不同漏电保护器的要求。

5.6.5　新型电磁电子式漏电保护器的研发

结合示范区的实际情况和示范区供电企业的需求, 研发并试制了新型电磁电子式漏电保护器, 作为台区分级保护的中级漏电保护, 完善示范区的分级漏电保护功能。

1. 电子式漏电保护器

电子式漏电保护器 (图 5-22(a)) 由剩余电流互感器、电子电路、脱扣器三部分组成。当电路上发生漏电流时, 剩余电流互感器将漏电信号分离出来送到电子电路, 经放大达到设定值后触发可控硅, 将 220V 电源送到脱扣器的线圈上, 脱扣器的铁芯吸动, 输出推力使断路器跳闸完成保护功能。如果此时发生零线断线, 而相线未断仍有电压, 则存在触电危险。但因缺辅助电源, 脱扣器的铁芯不能吸动, 保护功能失效。这是危险的, 因此在欧洲禁止使用这种电子式。但因它容易制造, 价格便宜, 在我国仍大量推广。目前有几亿只在使用中, 缺零引起的事故虽有, 但概率很小。

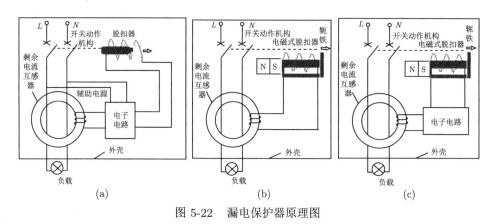

图 5-22　漏电保护器原理图

2. 电磁式漏电保护器

电磁式漏电保护器 (图 5-22(b)) 由剩余电流互感器, 电磁脱扣器两部分组成。其脱口器结构如图 5-23 所示。当电路上发生漏电流时, 由剩余电流互感器将漏电信号分离出来, 直接送到电磁脱扣器的铁芯线圈内。在正常情况下 (无漏电时) 电磁脱扣器中永久磁铁产生的恒定磁通将轭铁吸引在铁芯上, 同时有弹簧拉力将轭铁向脱扣方向拉, 但恒定磁通的力大于弹簧拉力。这样轭铁维持吸合状态, 断路器处在合闸位置。在有漏电信号输入时产生交变磁通, 它和恒定磁通叠加使得某一瞬时吸力加强, 另一瞬时吸力减弱 (如图 5-24 所示)。当剩余电流互感器输出的漏电信号达到预定值, 电磁吸力减弱小于弹簧拉力时, 轭铁脱扣输出推力将断路器顶开至分断位置，完成跳闸保护功能。电磁式保护器要求衔铁和铁柱间的间隙 Δ 为精加工，大约为几微米。这种保护器的脱扣器是封闭的，一旦打开暴露在普通环境中之后就很难恢复使用，原因是空气中尘埃侵入间隙 Δ。在生产过程中，其组装环境要求清洁度高，过去成本高因此难以推广。

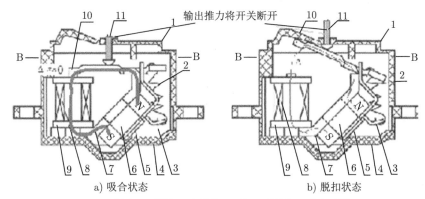

a) 吸合状态　　　　　　　　　b) 脱扣状态

1-罩壳；2-弹簧；3-支承件；4-盖；5-铆钉；6-永久磁铁；
7-导磁体；8-线圈绕组；9-线圈骨架；10-衔铁；11-推杆

图 5-23　永磁式脱口器结构图

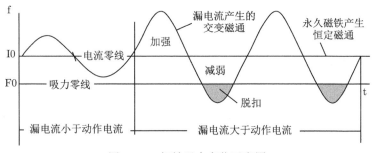

图 5-24　轭铁吸力变化示意图

3. 电磁电子式漏电保护器

电磁电子式漏电保护器 (图 5-22(c)) 是电磁漏电保护器的升级版，采用了发明专利成果漏电保护专用集成块技术。原理框图如图 5-25 所示。其工作原理与磁漏电保护器类似，由剩余电流互感器送来的信号电流经过整流后，将电能储存在电容器内。当储能达到规定值时，由电子电路触发使电磁衔铁脱扣达到使开关跳闸。电磁电子式漏电保护器在电磁漏电保护器的基础上增加了两项功能，一是储能机构，这使得其驱动脱扣器的电能大为增加，降低了电磁漏电保护器对磁铁的高精度加工要求，降低了成本；二是通过储能达到延时驱动的目的，实现了中级漏电延时动作的要求。同时也实现了本漏电保护器的关键创新点，实现了在漏电保护器的电源侧出现零线断线时，如果发生漏电情况，可通过储能机构完成跳闸保护功能。

目前这种新型漏电保护器已试验性生产一小批，并经浙江省机电产品质量检测所检验合格。并已在示范点投入试运行。

三种漏电保护器的各方面对比详情见表 5-17，从中可以看出以下几个特点。

(1) 电子式漏电保护器必须有 220V 辅助电源，一旦在进线处零线断线，失去辅助电源，保护器就失效。而电磁式和电磁电子式漏电保护器没有辅助电源，即使在进线处零线断线，失去辅助电源，保护器仍能起保护作用。

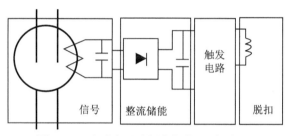

图 5-25   电磁电子式漏电保护器原理框图

(2) 电磁式保护器是依靠采用 1J85 等精密合金和精密加工来保证达到灵敏度。当图 5-25 中的空气间隙 Δ 需达到微米级精度时，才能保证保护器工作。因此，成本比较高。电磁电子式电保护器是采用信号电源整流后储能，当储能达到定值后电子电路触发，由储能电容对脱扣器线圈放电达到脱扣目的。因此其加工精度要求降低。

表 5-17   三种漏电保护器对比表

序号	对比项目	电子式	电磁式	电磁电子式
1	辅助电源	220V	无	无
2	缺零相动作否	不能	能	能
3	理论动作能量	微焦耳级	百微焦耳级	百微焦耳级
4	铁芯材料	无特殊要求	1J85	1J50 或纯铁
5	互感器用料	最便宜	最高	中等
6	加工精密度	一般	最高	稍高
7	灵敏度	可达到 10mA	15～30mA	15～30mA
8	动作稳定性	优	依靠加工精度	优
9	抗电气干扰	差	优	最优
10	延时性	有	无	有
11	耐机械振动	强	中	中–强
12	价格	便宜，易推广	贵，不易推广	和电子式相近
13	推广	已大量推广	才开始推广	有待扶植

(3) 延时性，电子式保护器目前常用仿 M54123 专用集成块是不带延时的，现已发明了一种新的专用集成块，它是带延时的。

4. 新型电磁电子漏电保护器的技术特点

新型电磁电子漏电保护器具有如下特点。

(1) 结构简单，成本低，与户保相差不大；

(2) 具备延时保护动作功能；

(3) 在外接零线断线的情况下可以起到漏电保护作用。

新型漏电保护器的技术指标。

(1) 额定电压 380V/220V：单相为 220V，三相为 380V；

(2) 额定负荷电流：单相为 47A，三相为 32A；

(3) 漏电动作电流：30(40)mA；

(4) 漏电不动作电流：15(20)mA；

(5) 保护延时动作时间：40~100ms；

(6) 整体型式：拼装式；

(7) 脱扣器型式：电磁式。

新型电磁电子漏电保护器的技术创新点主要表现在：通过储能和延时部件，降低了电磁式漏电保护器的制造成本，实现了延时动作要求，在外部零线断线的情况下，能够正常工作，实现触电保护功能。实现技术创新的关键是采用取得发明成果的漏电流信号处理技术，在大小不同量级的漏电流 (从毫安级到安培级) 故障出现时，既能满足使储能达到触发脱口，满足跳闸保护的要求，又能通过有限反时限特性，满足延时保护动作的要求。新型节能电度表和新型漏电保护器如图 5-26 所示。

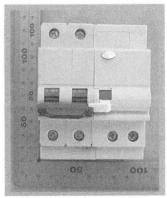

图 5-26　新型节能电度表和新型漏电保护器

第 6 章　总结与展望

6.1　总　　结

农村小水电是清洁可再生能源，具有规模适宜、投资省、工期短、见效快、可就地开发、就近供电等优势。我国农村小水电经过多年发展，在以小水电为主体的农村电气化建设、小水电代燃料工程、农村小水电扶贫工程以及解决山区农村供电、促进区域经济发展、改善农民生活条件、调整当地产业结构、保障应急供电等方面发挥了重要作用。但由于历史条件的局限性，我国大量的老旧农村小水电站逐步暴露出涉及安全、效益下降以及不能满足生态保护需求等问题，需要采取科学研判，提出科学的改造方案，消除安全隐患，提升效益并满足绿色生态需求。

结合"十二五"国家科技支撑计划课题"农村小水电节能增效关键技术 (2012BAD10B00)"之课题"农村小水电新型水工结构和降损技术研究 (2012BAD10B02)"、"农村小水电高效发电技术与设备研制 (2012BAD10B01)，以及"十三五"国家重点研发计划项目"新型胶结颗粒料坝建设关键技术 (2018YFC0406800)"之课题"胶结颗粒料坝结构破坏模式与新型结构优化理论 (2018YFC0406804)"，通过对我国农村水能开发利用现状的调查，采用数理统计、历史资料分析、材料试验、结构试验、现场测试、数值模拟仿真技术等方法和手段，开展了农村小水电站引水系统的降损技术、输出工程主要电气设备降损技术、配电网损耗测量和电网节能技术的系统研究，研发了一系列农村小水电降损与增效新技术，为我国农村小水电增效扩容改造实施提供了重要的技术支撑和保障。主要研究成果总结如下：

(1) 建立了农村小水电站发电效率与总能耗关系以及各水工建筑物和金属结构水头损失与发电效率的关系，从而为老旧电站引水建筑物的增效降损改造提供决策依据。

(2) 进行了进水口不同结构型式、引水渠道不同断面结构型式、压力管道管径、长度结构的水头损失比较研究，揭示了局部水头损失的细部特征，提出了降低结构局部水头损失的具体措施，为水电站引水建筑物局部降损及总体降损提供了依据。

(3) 开发了一种翼型截面新型拦污栅，与常用拦污栅相比，翼型截面拦污栅的过流流态更加平顺，过栅局部水头损失明显减小。显著改善了小流量农村小水电站的正常运行效率，提升了整体发电效能。

(4) 提出了适合于农村小水电站水工建筑物老化、开裂、渗漏修复的实用技术，这些实用修复技术具有修复材料采购方便、价格低、施工设备简单、施工工序少、农村非专业技术人员易学易用的特点，极大地方便了面广量大的农村小水电一般建筑物的破损修复及日常维护，不仅提升了电站的安全性，还可降低建筑物水头及水量损失，增加水电站的整体效益。

(5) 提出了一种增加渠道现浇混凝土表面光滑度的施工工艺，此工艺可有效地减少传统小钢模拼板形成的接缝，提高浇筑后混凝土表面的平整度和光滑度，减少渠道沿程水头损失，提升了引水系统的总体效能。

(6) 基于 CFD 技术的优化设计软件平台，对水轮机转轮开展了优化设计工作，优化后的水轮机最优效率为 93.106%，采用数控加工工艺和不锈钢材质试制了转轮并应用示范点机组改造工程，达到预期目标。

(7) 针对大多数农村电站导水机构的端面密封、立面密封、导叶轴套等部件普遍存在漏水的问题，开展了水轮机导水机构、进水主阀及其密封等增效技术研究工作。结合目前不锈钢、新型轴套密封设计、端面密封新型设计等新技术和新材料，提出了合适的改造方案。对进水主阀密封优化设计及其增效效果进行了技术分析，研发了新型水轮机进水主阀及其密封节水增效技术。

(8) 利用绝缘材料的升级和扁铜线工艺的提高，结合二次热模压技术提高定子载流能力，通过扩展定子支路单元数量开发了定子线圈多支路并联结构，提出了农村水电站降压增效技术。

(9) 以增加小水电水头与减少汛期弃水的新型结构及与之配套的新材料研发为突破方向，开展农村小水电站新型水工结构增效技术研究，提出了方便高效的橡胶坝、适用于无人值守新型翻板闸门以及经济环保型胶凝砂砾石新材料及胶凝砂砾石坝新型水工结构，为我国面广量大的农村水电建设提供技术支撑。

(10) 提出了农村小水电输出工程主要电气设备电能损耗的评估指标体系、评价标准，构建了模糊综合评价模型，开发了具备输出工程损耗计算和降损仿真计算功能软件，实现对农村小水电输出工程电气设备电能损耗的有效评价，为提出实用的工程降损措施提供了重要依据。

(11) 提出了包括合理设备选型、改造电力线路、提高线路的功率因数、适时调整变压器运行方式以及开展负荷需求侧管理等农村小水电输出工程降损技术措施，可有效解决线损偏大、供电线路末端电压过高或过低等问题，使发电容量得到有效利用，避免造成投资与资源的浪费，提升整体经济效益。

(12) 研制了带电流平方累计计量功能的新型节能电能表，其创新点表现在将传统负荷曲线测量周期从 1h 减小到 1s，基本能够准确地反映实际负荷变化，极大地提高了测量的精确度。

(13) 研制了新型电磁电子式漏电保护器，通过储能和延时部件降低了电磁式漏电保护器的制造成本，且结构简单，是一款安全可靠、性价比高的漏电保护器，推广应用后，可有效减少农村人畜因触电造成的伤害事故的发生。

6.2　展　　望

国际能源署预计，若国际社会希望在 2050 年前达到净零排放的目标，并将全球气候变暖控制在 1.5℃ 内，那么年均水电新增装机需达到 4500 万 kW；若希望将全球气候变暖控制在 2℃ 内，则年均水电新增装机需达到 3000 万 kW。

而根据国际水电协会统计，2021 年全球水电新增装机仅为 2600 万 kW，远未达到预期值；并且其中 80％的增长来自中国。实现净零目标，应对全球气候变化需要水电助力。水电在全球，尤其是在发展中国家的发展依然任重而道远。

小水电作为世界公认的清洁可再生能源，是"双碳"目标愿景下构建以新能源为主体的新型电力系统的重要组成部分。2021 年 10 月，国务院印发《2030 年前碳达峰行动方案》，明确要求推动小水电绿色发展，积极发展"新能源＋储能"、源网荷储一体化和多能互补，支持分布式新能源合理配置储能系统。2022 年 1 月，国家发改委、国家能源局印发《关于完善能源绿色低碳转型体制机制和政策措施的意见》，再次提出积极推动流域控制性调节水库建设和常规水电站扩机增容，加快建设抽水蓄能电站，探索中小型抽水蓄能技术应用，推行梯级水电储能。

我国现有库容 10 万 m^3 及以上的小水电站 1 万余座，是独特的分布式发电资源，小水电梯级站（群）库容具有调节功能，可增加电网柔韧性，是潜在的抽水蓄能资源，也是区域虚拟电厂建设的重要组成部分。将已建的小水电 (群) 梯级电站改造成抽水蓄能电站，结合风电、太阳能等进行多能互补开发利用，可促进随机性可再生能源的消纳，实现小水电绿色转型，推动构建新型电力系统和双碳目标实现。

参 考 文 献

蔡新, 陈姣姣. 2016. 农村小水电水能降损研究综述 [J]. 中国农村水利水电, 140-144.

蔡新, 郭兴文, 徐锦才. 2014. 农村水电站安全风险评价 [M]. 北京: 科学出版社.

蔡新, 郭兴文, 杨杰, 等. 2021. 胶凝砂砾石坝坝料力学性能与结构设计 [M]. 北京: 科学出版社.

蔡新, 李岩. 2015. 考虑流固耦合的充水式橡胶坝自振特性研究 [J]. 水电能源科学, 34(5):88-90.

陈姣姣, 蔡新. 2016. 水电站进水口渐变段局部水头损失研究 [J]. 水利水电技术, 47(4):63-66.

程夏蕾, 朱效章. 2012. 小水电领域战略性新兴产业培育与发展 [J]. 小水电, 5: 1-5.

程夏蕾, 祝明娟, 郭行干. 2012. 农村漏电保护器安装运行分析 [J]. 中国农村水利水电, 11: 66-67,74.

程夏蕾, 祝明娟, 郭行干. 2013. 农村配电网节能表研究与分析 [J]. 中国农村水利水电, 10: 101-102.

巩永红. 2015. 浅谈浆砌石渠道破损原因及改造处理措施 [J]. 农业科技与信息, (18):100-101.

黄亚非. 2016. 复式河槽断面形态对综合糙率的影响 [J]. 水运工程, (8):94-98.

纪计坡. 2012. 农村小水电技术改造研究 [D]. 杭州: 浙江大学.

简明. 2015. 翻板门活动堤防研究其工程应用 [D]. 南京: 河海大学.

蒋正武, 刑锋, 孙振平, 等. 2007. 电沉积法修复钢筋混凝土裂缝的基础研究 [J]. 水利水电科技进展, 27(3):5-8.

景秀眉, 张仁贡, 程夏蕾. 2015. 基于螺旋法向逼近遗传算法的水电站动态不确定优化调度研究 [J]. 水力发电学报, 03: 45-54.

李伟, 冯春花, 李东旭. 2012. 水工混凝土结构裂纹修补加固材料的研究进展 [J]. 材料导报, 26(7):136-140.

李星楠. 2014. 水工建筑物的养护和维修措施 [J]. 科技创新与应用, 144.

李岩, 蔡新, 崔朕铭, 等. 2015. 基于 Mooney-Rivlin 模型的充水式橡胶坝工作性态研究 [J]. 水电能源科学, 33(4):100-138.

李岩. 2015. 充水式橡胶坝动力特性及流激振动研究 [D]. 南京: 河海大学.

刘大宏, 杨鹏隆. 2014. 我国小水电开发现状及发展建议 [J]. 北京农业, 24:255-256.

刘启钊, 胡明. 2010. 水电站 [M]. 4 版. 北京: 中国水利水电出版社.

刘洋. 2014. 浅谈水工混凝土建筑物防渗加固技术 [J]. 城市建筑, (2):81.

马永法. 2013. 水工混凝土结构裂缝成因分析及其危害性评价 [D]. 扬州: 扬州大学.

佩谢克, 范春生, 赵秋云. 2013. 捷克水电站的设备更新 [J]. 水利水电快报, 34(10):24-28.

宋猛猛, 陈毓陵, 曾昊, 等. 2014. 拦污栅条概化试验 [J]. 江苏农业科学, 42(6):361-363.

宋澎, 文娟. 2014. 水工建筑物修复加固设计与研究 [J]. 中国水运月刊, 14(3):314-316.

王福军. 2004. 计算流体动力学分析—CFD 软件原理与应用 [M]. 北京: 清华大学出版社.

王海鹤. 2014. 严寒地区重大供水工程用水工混凝土抗冻耐久性研究 [D]. 沈阳: 沈阳工业大学.

王景浩. 2016. 黄土梁水库水量损失问题分析及库损计算 [J]. 河南水利与南水北调, (5):37-38.

王少勇. 2014. 水电站引水渠道的水力计算探讨 [J]. 建材发展导向: 下, (3):49.

王晓棠. 2014. 土坝护坡破坏及库岸坍滑的维修 [J]. 黑龙江科技信息, 222.

许海龙. 2016. 农村小水电引水建筑物水头损失研究 [D]. 南京: 河海大学.

许晓会. 2009. 新型粘钢技术在韦水倒虹加固中的应用 [J]. 水利与建筑工程学报, 7(1):77-79.

杨建贵, 蔡新, 吴黎华. 2001. 杨溪橡胶坝工程设计 [J]. 水利水电科技进展, 21(2):58-60.

杨萌. 2013. 渠道衬砌橡胶粉混凝土性能试验研究与应用 [D]. 济南: 山东大学.

俞国平. 2012. 灌区渠道防渗加固措施研究 [J]. 水利规划与设计, (1):60-62.

张其军. 2014. 有压隧洞中各类建筑物水头损失分析研究 [J]. 山西水利, (8):27-29.

章旭伟. 2013. 武义县杉坑桥电站增效扩容改造实践 [J]. 中国水能及电气化, (Z1):39-41.

钟志锋. 2016. 农村水电站引水渠道破损与修补技术研究 [D]. 南京: 河海大学.

朱凤霞. 2017. 新型拦污栅结构设计研究 [D]. 南京: 河海大学.

朱凤霞, 蔡新. 2017. 拦污栅截面形式对其水流特性影响研究 [J]. 水电能源科学, 35(2):112-115.

朱杭平. 2014. 减少水头损失增加发电效益 [J]. 小水电, (2):10-11.

朱明晓. 2011. 纤维缠绕夹砂玻璃钢管的施工与应用 [J]. 中国科技纵横, (3):147.

http://www.mwr.gov.cn/sj/tjgb/ncslsdnb/202007/P020200730341371256549(2019.pdf).

Liu D, Liu H, Wang X, et al. 2019. World Small Hydropower Development Report 2019. United Nations Industrial Development Organization; International Center on Small Hydro Power.